U0293242

肠子的
大智慧

[德] 米夏埃拉·阿克斯特－加德曼 著

张海涛 译

天津出版传媒集团

天津科学技术出版社

著作权合同登记号：图字02-2022-263号

Original title: *GESUND MIT DARM*
by Michaela Axt-Gadermann
© 2020 by Südwest Verlag
a division of Penguin Random House Verlagsgruppe GmbH, München, Germany.
Simplified Chinese translation copyright © 2023 by Beijing Fonghong Books Co., Ltd.
All rights reserved.

图书在版编目（CIP）数据

肠子的大智慧 / (德) 米夏埃拉·阿克斯特-加德曼
著；张海涛译. -- 天津：天津科学技术出版社，
2023.3

ISBN 978-7-5742-0647-2

Ⅰ.①肠… Ⅱ.①米… ②张… Ⅲ.①肠道微生物—
普及读物 Ⅳ.①Q939-49

中国版本图书馆CIP数据核字(2022)第201194号

肠子的大智慧
CHANGZI DE DAZHIHUI

责任编辑：孟祥刚
责任印制：兰　毅

出　　版：天津出版传媒集团
　　　　　天津科学技术出版社
地　　址：天津市西康路35号
邮　　编：300051
电　　话：（022）23332490
网　　址：www.tjkjcbs.com.cn
发　　行：新华书店经销
印　　刷：三河市金元印装有限公司

开本 700×1000　1/16　印张 17.5　字数 151 000
2023年3月第1版第1次印刷
定价：58.00元

第3章　抗衰、健身和美肤

第4章　浓稠、甜美和油腻
——肠道菌群和新陈代谢

第5章　肠道和大脑

第6章　癌症与微生物群落

第7章　细菌与人体防御机制

第8章　肠道，我们人体的药房

第9章 　　　**为您肠道菌群的健康借把东风**

前言

一言以蔽之，"照顾好您体内的微生物群落，这对您的健康大有裨益"。这便是本书的主要内容。

滴水之恩涌泉相报这个道理，应用在那些生活在我们肠道中的小家伙身上再合适不过了。倘若我们能照顾好它们，它们就会竭尽全力保持我们血管的弹性、灰质细胞的活力，为我们打造青春永驻的身体。除此之外，我们肠道里的这些小家伙还知道怎么处理我们走样的身材、异常的血糖水平和过高的胆固醇。甚至在某些情况下，一个健康的肠道菌群能极大地改善癌症的预后。

肠道菌群的衰落通常会先于我们身体机能的衰退和人体的衰老。但更重要的是，它还可以被看作某些疾病发作的预兆甚至警报。我们甚至可能会在疾病发作前几个月甚至几年前，听到肠道菌群为我们拉响的警报。因此，要有针对性地优化我们的肠道菌群，并且越早越好。

在接下来的文章中，我将提纲挈领地为诸位读者清晰地展现体内微生物群落对我们生命进程的影响。当然，这本书的写作语言不会那么艰深晦涩。您大可以把它当成茶余饭后的消遣。但于我而言，这本书的使命是将科学研究的结果以易于理解的方式传达给您。因此，这本书里会多用打比方的方式为您讲解重要的科学原理，并将重要的建议和结论以表格的形式呈现给您，以方便您的阅读。从中您可以获取各种有针对性的营养建议，并找到适合自己的微生物优化疗法。

对于肠道菌群，我们要秉持一种"要知其然，更要知其所以然"的态度。因此，在本书的阅读过程中，您将会遇到各种各样、有名有姓的微生物。当然，我也意识到了，没有人能在第一次阅读时候就完全记住它们的名字和特性。所以，我专门给您准备了一个写满了微生物信息的表格，您可以从中找到针对特定问题的细菌。在本书第262页，您还能找到一张包含常见膳食补充剂及其所含细菌菌株的表格。我想，这样能让您更容易地找到您所需的商品。从本书第257页开始，您会看到一个写满了肠道细菌姓名的"名人录"。在那里，我会为您介绍那些最重要细菌的重要性所在。有了这么一张地图，您就不用担心自己迷失在细菌知识的海洋里了。

您难道不想同我一起开拓新航路吗？

您也可以在我的网站"www.gesund-mit-darm.de"和Facebook群组"mein Gesund Darmlora"中找到更多信息。

祝您阅读愉快。

米夏埃拉·阿克斯特－加德曼

第 1 章

肠道菌群中的青春之泉

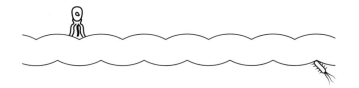

肠道活细胞疗法

早在中世纪时，画家卢卡斯·克拉纳赫（Lucas Cranach）就曾在自己的画作《青春之泉》中描绘了这样一幅图景：一个个老弱多病的人争先恐后地跳进泉水之中。而他们从泉水中走出时，纷纷容光焕发，年轻且富有朝气。

这样的青春之泉直到现在人们仍未寻到，科学家们却在最近发现了一个鱼儿的"青春之泉"。

我们这些凡夫俗子，千百年来谁不想找到那"能让人返老还童的汩汩泉水"呢？就在最近，科学家们在这件事上有了一项新发现，只不过他们找到的并非"青春之泉"——准确地说，应该是"青春水族箱"，因为它只对鱼儿起作用。

科学家们选择了非洲绿松石鳉鱼作为他们的实验对象。原因在于，我们几乎能用肉眼观察到时间在它们身上留下的痕迹：它们来到这个世界后，只消几周时间，就开始颜色变淡、身体无力、精神萎靡，甚至发生癌变。如此看来，实验室里的小白鼠和它们一比都称得上是大寿星了，毕竟小白鼠能活上 2~3 年，可它们的预期寿命才 4~8 个月。这种生命似昙花一现的小动物，有个美丽的拉丁学名——*Nothobranchius furzeri*。相较于过去常被用来研究衰老过程的果蝇，同为脊椎动物的它们，要更接近我们人类。

因此，这些小家伙成了最受衰老过程研究人员欢迎的实验对象。此外，非洲淡水鱼类身上的微生物在多样性和构成上也和我们类似。不论这些微生物寄生在鱼儿身上还是我们人类身上，它们都在生命的过程中扮演了至关重要的角色。年轻的鳉鱼肠道中生活着多种多样的细菌。但随着时间的推移，细菌的多样性会逐步减少，细菌的宿主则会越来越体弱多病。

现在，科隆的马克斯 – 普朗克生物研究所的研究员们已经成功为这些短命的鳉鱼找到了能把最普通的水缸变成"青春水族馆"的"长生不老药"。而这所谓的"长生不老药"，正是它们年轻同类的粪便。

科学家们用抗生素清除了中年鱼肠道中的全部菌群，然后将它们放入那些曾经生活过幼鱼的水池中。虽然幼鱼被移走了，但它们的粪便依旧留在池子里，也就是说它们肠道中的细菌仍旧生活在原来的地方。等到那些年长的中年鱼来到池中扑腾的时候，它们自会把这些微生物全部吸收。这可不是什么坏事——那些吸收了幼鱼肠道细菌的中年鳉鱼，预期寿命可要比它们的"同伴"长 40%，甚至即便步入了自己"鱼生"的古稀之年，它们仍能像那些小家伙一样生龙活虎。只是马克斯 - 普朗克生物研究所的专家们还不能确定，这些肠道中的小家伙为何有如此法力。可正如研究所内科学家达里奥·里卡尔多·瓦伦扎诺（Dario Riccardo Valenzano）说的那样，"即便如此，我们还是能通过研究确定，肠道中微生物群落的多样性会对预期寿命和衰老过程产生重大影响"。

在啮齿动物身上也可以观察到类似的情况。科学家利用抗生素将若干只幼鼠肠道中的微生物全部清除，分组后给它们安排了不同的舍友。第一窝无菌幼鼠的室友是一群老年老鼠，第二窝的室友则是一群拥有完整肠道菌群的同龄幼鼠。两窝无菌幼鼠都会逐渐吸收它们笼中同伴的肠道菌群，并让它们在自己的肠道中安家落户。那些与"长者"一起居住的幼鼠虽然年龄尚小，但组织中的炎症细胞因子却异常升高，直接加速了它们的衰老过程。而那些与同龄鼠居住的无菌幼鼠则幸运多了，它们的炎症细胞因子仍然维持在较低的"幼年"水平。

肠道，我们的生命之泉

不仅在鱼类和啮齿类的肠道中，在我们的肠道中也可以看到这些小家伙的身影。它们有的伤害我们，有的帮助我们。按照专家的说法，我们的肠道中也生存着大量细菌组成的"微生物群落"，它们就是我们的"肠道菌群"。

长久以来，细菌可谓声名狼藉——它们是鼠疫、霍乱和伤寒的罪魁祸首，是无情的杀戮机器。但一直到19世纪中叶，人类才发现细菌和传染病之间的联系。这一值得载入人类医学史的重要发现归功于匈牙利医生伊格纳兹·塞麦尔维斯（Ignaz Semmelweis）和法国微生物学家、化学家路易斯·巴斯德（Louis Pasteur）。在他们之前，这样的情况时有发生：医生在上午刚刚解剖了一具尸体，下午就为另一个患者做手术或者接生。那时候的医生甚至没有在术前净手的习惯，由细菌引发的伤口感染或者产褥热不知夺走了多少人的性命。正是多亏了他们二位，现在的我们才知道只需要通过简单的消毒措施，哪怕医生们只是用肥皂洗洗手，就能大大减少术后的死亡人数。

"我们体内竟可能存在着某种可堪利用的细菌"，这种想法在一开始并不能被我们理解。长久以来，我们肠道中的居民基本上被视为无害的，但也是微不足道的。然而，现在科学家甚至外行人都逐渐意识到了一件事："我们的消化道里有一套自己的生态系统。"这套系统能影响我们的情绪，左右我们身体的免疫反应，控制我们的食欲甚至掌控我们的食物偏好。现在越来越多的具体事例表明，我们体内的微生物与我们的衰老过程也有着密不可分的联系。因此，就目前而言，最接近"青春之泉"的抗衰老手段就是对体内的微生物群落进行有针对性的优化。

我们身心健康的各个层面都少不了细菌的身影，因此我们不得不对细菌高度重视，目前整个世界似乎都在围绕着细菌菌群做文章（至少关注该领域研究的人和出版机构都有这样的印象）。总之，近年来有超过 4 万篇的研究文献共同揭示了一点：多样化的肠道菌群在生命的每个阶段都至关重要。倘若我们能消除肠道菌群的紊乱（所谓的肠道生态环境失调），对我们的身体健康大有裨益不说，还可以减缓乃至逆转衰老过程。

微生物群落研究的量子飞跃

早在 1907 年，俄国的免疫学家埃利·梅奇尼科夫（Elie Metchnikoff）就曾有过这样一个假设——东欧的部分人群的长寿很有可能和他们日常食用发酵乳制品有关系。在随后的几十年中，数不胜数的研究人员反反复复地研究了肠道菌群和身体健康之间的关系。但因时代所限，那时候 90% 以上的细菌都做不到体外培养。对那些小家伙来说，实验室里的培养皿绝对不是一个舒服的地方。我们只能对一小部分细菌进行实验室环境下的培养。正是因此，大多数小家伙一次又一次躲过了科学家们的"点名搜查"。

大约 20 年前，我本人也加入了微生物研究者的大军。我的研究课题是银屑病（牛皮癣）、神经性皮炎等皮肤病同肠道菌群之间的联系。当时，我们除了让细菌和真菌在特定培养基中生长之外别无他法。不幸的是，我们的实验结果不尽如人意。因为上述方法只能筛选出微生物群落中的一小部分成员，对那些被我们筛掉的微生物，我们无计可施。在当时，哪些细菌对解决哪些问题有帮助，哪些细菌会加重哪些问题，学界也没有共识。好在近年来发生了很多积极的事情。

2005 年发生的事情对微生物研究者而言不亚于新大陆的发

现和新航路的开辟。同以往一样，新世界的大门一旦被打开，越来越多的知识和奥秘会随着时间推移被慢慢地发现。而打开这扇大门的钥匙正是新一代测序研究分析方法。这种新方法的优势在于，研究者可以通过分析细菌中的遗传物质来确定那些生活在我们肠道中的小居民，再也不用在实验室里的培养皿上对它们一一进行培养了。

举个例子，研究人员只需要少量粪便样本就能获取整个肠道菌群的信息，然后将它们同某些特定疾病联系起来。就是用这种方法，最近有一批英国的研究人员已经在英国和加拿大的粪便分析中发现了 100 余种之前未被人们发现的细菌。现在，我们的研究对象已经不仅限于肠道菌群了。针对口腔、生殖道甚至是皮肤上的菌群研究也都告别歧路走上坦途，为新的疾病预防措施和疗法提供了不少令人兴奋的思路。

浪潮方兴

没错，微生物的世界很迷人！有大约 100 万亿个细菌、数不胜数的真菌和各种各样的病毒生活在我们的消化道中。要知道，这比组成我们身体的细胞还要多得多。细菌基因的数量比我们自身基因的数量多了 100 倍。确实，100 万亿是个难以想象的天文数字。倘若我们一秒钟数一个微生物，光是把它们数完就需要

320万年。"室友"的数量如此庞大，如果它们对我们的身体有百害而无一利的话，我们怎么可能对这么多小家伙打开大门？

我们的身体，不论是体内还是体表，都少不了细菌的踪影。这代表，我们人体本身就是一个微生物的生态系统。细菌通过皮肤和黏膜同我们的有机体持续接触，建立了某种给予—索取关系，决定了我们同微生物之间宿主—寄生者的关系。人体为细菌提供栖息地和食物，它们则通过一种非常复杂的方法不断影响我们的身体健康作为反馈。科学研究表明，微生物群落对身心健康的影响不容小觑。根据他们的研究，我们能得出一个结论：在我们的胃肠道中，在我们的皮肤和黏膜上，存在着一股能让我们永葆青春的"清泉"。而我们要做的，就是找到汲取这股"清泉"的办法。

我们体内的微生物群落可以确保身体的激素平衡，可以训练我们的免疫系统。它们的代谢能力超过了我们的肝脏，它们的代谢产物不仅能影响我们的肠道，还能通过人体血液循环系统进入我们身体的每一个角落，产生各种不同的效果。有一些细菌可以使我们的血管保持柔软，或者让我们的血糖、血压和胆固醇保持在良好的工作水平。还有一些微生物能让我们的皮肤免于过早老化，甚至为我们的大脑提供支援。有益的细菌不仅可以让我们远离老年病的影响，甚至能帮我们更快地跑完半马，帮助减肥，让任何年龄段的人都拥有好心情和满足感。然而，如果我们体内的微生物群落失衡，我们的健康就会受到不好的影响：机体的衰老过程将大大加速，罹患各种疾病的风险显著增加。

在我们的肠道中，有些微生物的生存依赖于我们提供的营养，有些则依赖于其他微生物的代谢物。肠道中小居民的命运彼此紧密相连，它们互相支持、互相控制。因此，多样性是健康肠道菌群一个特别重要的指标，我在本书中会频繁地提到这一点。言而总之，一切研究都表明，微生物群落可能成为个体抗衰老、预防疾病等未来个性化医疗的重要起点。

微生物是健身的关键

我们人体的衰老和鲟鱼别无二致，随着肠道菌群的老化，肠道微生物系统的多样性降低，老年人会变得愈来愈虚弱，被送往疗养院的概率也会不断提升。因为随着肠道菌群的多样性降低，罹患糖尿病、肥胖症、智力退化和神经系统疾病（诸如帕金森病和阿尔茨海默病）的风险也会不断上升。健康的微生物群落是我们保持健康的关键，甚至有研究者将其视为人体健康的先决条件。最重要的是，人体菌群的多样性下降是不健康的，甚至可能是微生物群落"老化"的表现，这反过来又为慢性病打开了大门。由于这种生态失调，肠道细菌的健康成分受到干扰，这可能导致一系列后果：比如，那些保障微生物群落健康的关键成分可能丢失，又或者其他微生物尤其是那些能促炎的微生物过量繁殖。

但究竟是什么原因导致了肠道微生物多样性的下降和生态系统的失衡呢？

众所周知，肠道菌群在我们的生命过程中也会发生变化。但这种变化并非一定同细菌多样性的下降齐头并进。显然，肠道菌群的构成也取决于老年人居住的地方。研究表明，那些独居的老年人与同自己的家人生活在一起的老年人相比，肠道菌群更差，微生物群落的多样性也明显更低。爱尔兰科克大学的科学家们也发现了肠道菌群同身心健康之间的联系：多样性越低，虚弱越明显。一言以蔽之，饮食和社会接触频率同肠道菌群与个体健康状况之间存在着明显的联系。

生态失衡，定时炸弹

值得注意的是，细菌多样性的下降往往早于疾病和炎症的发展。在疾病发作前几个月甚至几年，我们就可以确定微生物群落的多样性正在不断下降，某些对我们身体不利的微生物开始扩散，并挤占其他具有保护作用的微生物的生存空间。生态失调和物种衰退就是世界末日的天启骑士。这样的宏观观点也可以应用在我们人类的个体身上，体内微生物生态系统的失调和微生物生存环境的恶化预示着个人罹患疾病的风险增加。这样的现象不只出现在衰老过程中，研究人员在神经性皮炎、过敏和帕金森等疾病中也观测到了类似的现象。

然而，因果之间的时间差使得整个逻辑链条的构建变得难上加难，例如，某人在一年前接受了某种长时间的抗生素治疗，我们就很难把一年前的治疗同他今日罹患的肥胖、抑郁或者其他自身免疫性疾病联系起来。但凡事皆有两面性。从另一角度而言，这个时间窗口的存在也让我们有机会通过阻止微生物群落继续恶化来预防某些疾病的发生。这种方法就是生活方式的改变，比如说，增强营养获取，或者通过适当的保健产品对我们的肠道菌群进行"修复"。这些办法就现在来看还是未来的梦想，但我确信，这绝非什么"遥不可及的幻梦"。随着科学研究的不断深入，相关产品极有可能在未来几年内走进千家万户。到时候，您也许能定期对肠道微生物群落进行检查，比如每年检查一次肠道菌群的多样性情况，并在必要时采取适当措施。

EU还是DYS?

- - - ● - - -

只有大约 10% 的微生物构成是由我们的遗传因素决定的，其余的掌握在我们自己手里。因此，微生物群落的生态环境究竟是趋于平衡还是失调完全取决于我们自己。

如果我们体内的细菌群落生活良好，我们就称之为"生态平衡"（Eubiose）。前缀 Eu 是希腊语，意思是"好"，bios 的意思是"生命"。在这种平衡的共生状态下，不论是人还是寄生在我们体内的微生物都能健康地生活。与之相反的状态就是"生态失衡"（Dysbiose）。这意味着微生物群落的失衡、多样性的丧失和有害细菌的传播，或者，我们也可以用四个字来形容这种状态——"肠道紊乱"。人体的这种生态失衡广泛存在，因为细菌之间的健康平衡实在是太容易被破坏了。比如，长期的营养不良会使我们的肠道菌群变得单一。此外，抗生素和过度清洁也会扰乱我们肠道微小居民的"生活社区"。

同我们人类的生活社区一样，肠道中的小居民里也有几匹

能对我们造成伤害的"害群之马"。但在通常情况下，得益于我们体内那些"见义勇为的三好市民"，这些"害群之马"很难在我们体内掀起什么大风大浪。但上述的一切只在身体健康的大前提下才成立。倘若肠道生态系统不断恶化，"三好市民"不断离去，那么在我们体内不断扩散和定居的就只有那些不受欢迎的"害群之马"了。如果这种生态失衡持续更长时间，就十分可能对这些微生物的宿主产生不好的长期影响。

细菌对我们有什么用？

也许会有人问：为什么我们需要细菌？为什么我们的身体不能在体内的细胞、腺体和器官中生产自己所需的一切？这究竟是懒惰还是无能？

不不不，我们的身体既不懒惰，也不无能，相反，它十分聪明。它就像是一个商人或者一家大型企业的老板，会把一些重要的任务提供给一些"外包公司"，并希望在节约成本的同时更快更好地得到它想要的服务与产品。只是，我们的身体显然不是一个精明的商人。

人体大约有 2.2 万个基因。这个数字听起来很大，但事实并非如此。举例来说，一只水蚤可以充分利用差不多 3 万个基因。因此，对人体而言，它必须利用细胞外的遗传物质。好在，我们的"菌群外包公司"就在我们身边，这些小家伙拥有不少于 800 万条额外的基因信息。因此，个别任务，甚至我们肠道中的全部任务，可以交由这些肠道中的"第三方"完成。在我们的血液中，数以亿万计的细菌制造的分子和物质超过了三分之一。它们为我们生产蛋白质和酶，我们再把这些物质加工成心肌、皮肤、纤维或者激素。单单这一点就可以反映出我们体内的微生物群落的代谢潜力有多大了。但是我们体内的小居民们通常不会引起我们的注意，只有当我们脆弱的肠道生态系统失衡的时候，我们才会意识到它们出现了问题。因为，只有健康的微生物群落才能生产让我们人体保持年轻和健康所需的一切。因此，现在已经有专家将我们体内的微生物群落视为一个独立器官了。

于我们的健康而言，肠道中微生物的数量自然重要，但更重要的是，我们的肠道中生存了多少种类的微生物群落。通常情况下，我们可以这样认为："肠道中的微生物多样性是我们身心健康的最初动因和追求目标。"在健康多样的微生物群落的帮助下，我们的身体能在使用更少能量的前提下更有效率地工作；在微生物群落的支持下，我们的身体可以加快对外部环境变化的反应速度，因为肠道细菌可以在数小时内适应新的生存环境。微生物群落的灵活性使得机体在相当程度上适应营养、环境和生活条件的改变，从而避免整个人体系统彻底失去平衡。比如，对日本人来说，体内有能帮助消化藻类的微生物是其"标准微生物群落构成"的一个部分；但如果有人去美国人身上寻找这样的微生物，那必将无功而返。这个例子就显示了环境因素（比如我们的饮食）与我们肠道细菌构成之间的密切联系。因此，我们也可以这样理解，如果一个人的体内能有一个"完美的"微生物群落，哪怕不断改变自己生活的环境，他也能保持健康，快乐地生活。

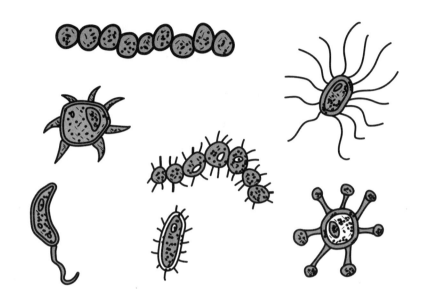

微生物多样性可以促进人体健康

我想，绝大部分人都会支持"为了未来的星期五"（Fridays for Future）这一活动。在那天，我们不使用塑料袋，一同去植树造林，好保护我们赖以生存的大自然免受进一步破坏。现在，绝大部分人都意识到了生物多样性保护的重要性。倘若有人问我们何谓运作良好的生态系统，我们脑海中的第一印象应该是一大片长满了灌木和苔藓的针叶林，或者一片生机盎然的热带雨林，又或者一片阳光下海鸟翔集、锦鳞游泳的珊瑚礁。但另一种同样重要、同样需要生物多样性保护的生态系统可能很难出现在我们的脑海中。有谁能想到这样一个生态系统：在黑暗的肠道中，在恶臭的消化残留物中，有一群细菌正在嬉戏？

但事实上，根据目前我们所掌握的知识，我们的皮肤上、黏膜中、肠道里的细菌群落才是这世界上最复杂的生态系统。我们的肠道曲曲绕绕，其中的生存环境也各不相同。但不论是需要氧气的细菌（好氧菌），还是只能生活在缺氧环境中的细菌（厌氧菌），都能在我们肠道中找到地方安家落户。在理想状态下，人类摄入的食物是多样化的，对细菌而言，在这张庞大的菜单上，每种细菌都能找到它喜欢的食物——不论它是喜欢蛋白质或脂肪，还是喜欢糖或纤维素。但倘若饮食不均衡的话，那就只有适者才能生存了。与我们大环境中的自然栖息地一样，平衡和多样性在肠道和皮肤生态系统中也很重要。甚至，在语言上也出现了联系点：我们的植物学家总是把一个地方的植物群称为"植物群落"，现在"群落"这一术语也被应用到人体之中了，比如肠道菌群、皮肤菌群或者黏膜菌群。

谈"菌"色变的年代，就要一去不复返了。

多样性需要社交来实现

每个人都有自己的生活方式和饮食习惯。通常来说，我们每个人携带 150~450 种不同的细菌。现在，长时间处于原始渔猎状态的美洲部落原住民的肠道里仍然生活着许多欧洲人身上所没有的细菌。但就目前的调查结果来看，世界各地各族群的人身上发生的事情都和西方社会一致，那就是微生物群落的多样性正在不断减少。

排除一些由个体差异导致的特殊情况，这种现象的产生可被归因为现代社会的饮食习惯、医学进步和所谓的西方生活方式。菌群多样性的衰退实在是过分明显，这使得科学家们不得不为我们敲响警钟。他们必须去为这些微小的生物建造某种形式的"诺亚方舟"，好让这些细菌不要陷入彻底灭绝的悲哀境地。可它们的灭绝究竟会对我们的世界产生什么样的影响？就目前而言，我们尚不清楚。总之，还是希望这样的事情永远不要发生。

我已经多次提到，肠道菌群的多样性是人体健康与否的重要指标。而文化的多样性不仅丰富了我们的日常生活，也有益于肠道。要知道，细菌的多样性需求依赖于我们定期与不同细菌的接触，只有这样的接触才能使得我们不断引入新细菌，促进体内细菌的多样性。

但不得不承认的是，现代生活方式真的有可能破坏和削弱我们体内的微生物群。沉重的生活压力和社交媒体的兴起让人与人之间真正的接触越来越少，机体之间进行"细菌交换"的可能性也越来越低，这使得肠道中的物种多样性也开始不断下降。我们开始远离大自然，我们不再触碰土壤，拾起树叶，闻嗅泥土。我们日复一日地清扫自己的起居室和工作间。我们一有病就使用大量的抗生素。我们的饮食开始变得单调乏味，更要命的是，纤维素的摄取量越来越低。这一切带来的恶果就是，肠道菌群多样性不断降低。

特定菌株的缺乏和肠道中生物多样性的整体降低会在方方面面影响我们的身体，诸如神经、激素分泌和免疫系统。现代人的微生物群落构成，不论是生活在皮肤、黏膜还是肠道中的，都与其千百年来在自然选择中进化出的理想状态有很大不同。这很有可能是当代社会炎症和由免疫系统失调而导致的疾病不断增加的原因之一。这一现象通常的外在表现是过敏、免疫系统疾病、心理问题，甚至过度肥胖和糖尿病等疾病。

我们体内的微生物群落在很大程度上取决于我们的生活方式。至少有 1500 种细菌可以在我们体内定居，它们是我们身体的潜在居民。从分娩开始，每一次选择都会影响未来体内的微生物群落构成。比如说，母乳喂养的婴儿相比那些非母乳喂养的，往往会发育出多样性更高、更健康的肠道微生物群落。又比如，如果家中有一条狗，狗主人也会拥有更具多样性的微生物群落。还比如，农场主和那些在大家庭生活的人一样，体内的生态系统往往也更具活性。

简而言之，有机的社会交往不仅对我们的心理健康大有裨益，也使得不同人之间的微生物交换保持了可能性。这一结论已经在黑猩猩身上得到了证明。我想，将这个假设推及我们人类身上也完全适用。因为，我们每人每小时大约损失超过 100 万个细菌，可如果我们把自己体内的微生物传递给其他人类同胞，就可以丰富他们体内微生物多样性，与此同时，我们自己的身体也会不断对那些新的、充满活力的小居民打开大门。

美国俄勒冈州的研究人员在前段时间发现，体育运动队队员之间甚至会共享一个微生物群落。轮滑德比是一种广泛开展于美国的运动，在这项运动中人们在椭圆形跑道上彼此追逐、碰撞，甚至推搡也是规则允许的。因此，这项运动中始终存在着细菌交换的可能性。研究人员从各种轮滑德比运动员的上臂上采集了细菌样本，经过研究后发现，同一队伍之间的队员在赛前就已经有了高度相似的皮肤菌群。而在比赛结束后，他们身上除了有碰撞留下的伤痕，还有双方球员的皮肤菌群。

肠道菌群的发育过程

如前文所述，我们的肠道菌群受到许多因素的影响，例如分娩类型、遗传因素、药物摄入、生活压力等。同样，它们也和我们的生活方式息息相关，比如体育锻炼、营养摄入和兴奋剂服用。随着年龄的不断增长，一个个绝对个体化的体内微生物群落最终形成了。可以这么说，观察我们的肠道菌群就可以一窥我们的年龄。

在生命的头九个月，我们会漂浮在一个基本无菌的环境中，在母亲的保护下我们几乎无法同任何细菌接触。在这个阶段，我们的肠道内和皮肤上是基本无菌的。随着母亲的羊水破裂，新生命就要踏上大地之际，情况便会发生改变。接下来的几小时将是决定我们身上的微生物群落的关键时刻，这会影响我们未来几年甚至几十年的健康。

如果一切顺利，新生命能通过自然分娩的方式见到光明，那么我们可以说，这个新生命是握着一张王牌出生的。因为在通过母亲产道的时候，他会把许多有益健康的细菌带入自己的身体里。通过产道，母亲也能将拟杆菌属、双歧杆菌和乳酸杆菌等微生物传递给婴儿。

对免疫系统的早期发育而言，双歧杆菌尤其重要。在接下来的母乳喂养中，母亲将传递更多的双歧杆菌给自己的孩子，好让他健健康康地长大。肠道中，大约 90% 的肠道菌群由双歧杆菌属的细菌构成。因此，自然分娩对孩子而言，就像是出生前已经在一片充满健康细菌的泳池之中沐浴过了。所以，在孩子呱呱坠地的那一刻，数不胜数的细菌群落便已经开始在新生儿的消化道中定居，不断刺激和强化他未经世事的免疫系统，而他的免疫系统将为日后多样化的肠道菌群的发展铺平道路。这对新生儿未来的健康大有裨益。此外，在自然分娩过程中，新生儿的皮肤也会接触一部分有益的细菌，这些细菌将会为他未来的皮肤微生物群落添砖加瓦。因此，母亲的肠道菌群和孩子的相似度要比她同陌生人高得多。我们可以这样说，在新生儿出生之际，他不但继承了母亲的基因，还继承了母亲的微生物群落。

但现在，每三个孩子中就有一个不是自然分娩出生的。这意味着，在他们出生的时候，赢得皮肤和肠道细菌竞赛的，不是慈爱的母体细菌，而是医生、护士或者父母衣物上的微生物。因为他们没有接触过母体细菌，在他们体内首先传播的很有可能是梭菌属或者大肠杆菌属的细菌。这些在医院中十分常见的致病菌将会以迅雷不及掩耳之势迅速抢占新生儿的肠道，使得健康的微生物群落无处安家，肠道生态系统的健康突然恶化。这很有可能对新生儿的未来发展产生不利影响。研究表明，剖宫产将会影响儿童免疫系统的发育，甚至极大提升过敏、神经性皮炎或者其他自身免疫性疾病的风险。

这些孩子长大之后罹患肥胖症的风险要比自然分娩的婴儿高出 30% 以上。德国 TK 保险公司在 2019 年针对儿童健康进行的调查研究报告也得出了相同的结论。根据此报告，那些以剖宫产方式分娩的婴儿在生命的头几年罹患慢性支气管炎或过敏性哮喘的风险要比正常分娩的婴儿高出 10%。在他们未来的漫漫人生路上，甚至还会有许多其他的健康问题因此出现。比如，剖宫产婴儿相较于自然分娩的婴儿，会更容易患上肥胖症、慢性肠炎和注意缺陷多动障碍（ADHD，又称儿童多动症）等疾病。总的来说，在上述报告调查的 67 种疾病中，有 19 种的发病风险和剖宫产的分娩方式呈现正相关性。

为了弥补剖宫产的这一缺点，美国医生开创了一种医疗手段。在剖宫产的 1 小时前，医生会将无菌纱布绷带放在准妈妈的阴道里，并在她分娩后几分钟内，用这块纱布擦拭婴儿的口腔和皮肤。他们这么做的目的就是试图将母体的微生物群落传递给她的后代。在接下来的几周里，他们将会定期检查新生儿皮肤、口腔和肠道的细菌定植情况。有研究人员将这些"接种"了母体细菌的剖宫产婴儿和没有"接种"母体细菌的剖宫产婴儿，以及自然分娩的婴儿做了对照研究。研究结果表明，尽管在细菌数量上，这些"接种"过的婴儿同自然分娩的婴儿尚有差距，但相对于那些没有"接种"过的婴儿来讲，他们体内外可以检测到的细菌数量明显高得多。特别值得注意的是，在这些"接种"了母体细菌的婴儿体内外发现了大量乳酸菌和拟杆菌属的细菌。就目前已知的信息而言，这些细菌对儿童免疫系统发育有重要作用。而在那些没有"接种"的剖宫产婴儿体内外，却几乎检测不到这些如此重要的细菌。

微生物群落是如何发展的

下一个决定终身微生物群落的重要因素，是婴儿出生之后摄入的营养。母乳喂养时，生产乳酸的细菌（比如双歧杆菌和乳酸杆菌）就能在婴儿肠道中传播开来。它们将确保肠道的酸性环境。德国人常说的"吃酸笑呵呵"用在这里再适合不过了。因为，低pH值的环境为益生菌的发育创造了优良条件，并将致病菌拒之门外。倘若婴儿得不到母乳喂养，那么就会过早地接触成年人的肠道菌群。问题是，这会令菌群发展的最重要一步被跳过。因此，许多婴儿食品制造商正试图通过在婴儿食品中添加某些益生菌和益生元纤维来弥补这一缺陷。这确实是朝正确方向迈出的一步，但无论如何，它也不能同母亲的"初乳"画上等号。

此外，肠道菌群的发育还受到许多因素的影响。尤其是在一个人生命的头三年，他体内的微生物群落尚不稳定，十分容易受到干扰。

　　来自纽约大学朗格尼医学研究中心的美国研究人员曾试图找到那些对婴幼儿肠道菌群发育有特别影响的因素。他们选择了 43 名婴幼儿作为实验对象，跟踪分析了他们出生后两年的粪便样本。根据他们的研究结果，从长远来看，婴幼儿生活中确实存在着诸多可能破坏肠道菌群发育，降低其多样性的不良影响。首先是剖宫产，此外还有抗生素滥用和过多食用人工婴儿食品。

　　抗生素和其他药物的使用会显著影响肠道菌群发育，甚至产生永久性的显著变化。不论是从长期还是短期来看，这样的影响对小生命未来的健康都是至关重要的。需要指出的是毛螺菌科的细菌对抗生素格外敏感。可它们恰恰是对人体十分重要的细菌，这些小家伙能为我们生产短链脂肪酸，比如丁酸盐或者丙酸盐（见下一章）。这些物质是婴幼儿构建免疫系统的过程中必不可少的原料。要知道，如果婴幼儿时期能建立起一个运转良好的免疫系统，长大后就可以在相当程度上避免过敏、自身免疫性疾病甚至是糖尿病的侵害。

　　等孩子们到了上学的年龄，他们体内的肠道菌群会变得越来越稳定和多样化。但对一部分孩子来说，他们的身体还没有做好迎接这一变化的准备，甚至可以说是被"赶鸭子上架"。他们是否会罹患肥胖或过敏，开启新生活的风险是高还是低，取决于他们出生时父母选择的分娩类型和他们生病时父母使用抗生素疗法的频率。

肠道菌群一成不变？

- - - ● - - -

　　就像免疫系统一样，我们体内的微生物群落会在我们的生命过程中逐渐成熟。如果我们能给予它们健康发展的条件的话，它们构成的生态系统会变得更加复杂、更加稳定。科学家们曾假设过某种核心微生物群落的存在，并尝试着对其进行开发。因为，对绝大部分人来说，只有大约三分之一的肠道细菌是相同的，而剩下的三分之二是完全个体化的、不尽相同的，就像人类的指纹一样独特。但研究表明，即使是相对稳定的成人微生物群落也并非一成不变，它们会动态、灵活地变化以适应不断变化的环境条件。

百岁老人的抗衰老细胞

并非所有老年人的微生物群落都会随着年龄增长而自动恶化。尤其是一些 90 岁、95 岁甚至 100 岁还精力旺盛、身子骨硬朗的老人，他们体内的微生物群落似乎永不衰老。研究显示，即便到了晚年，这些生龙活虎的长寿老人体内的肠道菌群也比他们的同龄人，甚至比一些中年人还要"年轻"。其中的关键就在于那个出现了好多次的词——"多样性"。可以这么说，老年人体内的微观世界越是丰富多彩，他们的身体就越健康，幸福感就越高。

某些细菌不光对构建肠道菌群有重要作用，甚至还能延长它们宿主的生命。而那些百岁老人长寿的秘诀正是以下这些小伙伴：瘤胃球菌、黏液真杆菌、嗜黏蛋白阿克曼菌、普氏栖粪杆菌和克里斯滕森菌。在下一章中，我将会为您更深入地介绍它们。

研究人员在亚洲和意大利的百岁老人的肠道中都发现了这些细菌，并且它们都数量惊人。这些小家伙是丁酸盐和丙酸盐最重要的制造者。在许多百岁老人的肠道中，我们发现了超过平均数量 10 倍的黏液真杆菌。这些细菌可以分解纤维素，产生许多对健康大有裨益的代谢产物。如果一个人长期保持低碳水、高蛋白饮食，这类细菌的数量就会减少，其他的丁酸盐生产者也是如此。

　　但也有一些细菌会加速衰老的过程。比如真杆菌属下的革兰氏阳性菌和迟缓埃格特菌的大量出现就和衰老过程的加速表现出正相关性。缺乏普氏栖粪杆菌也会产生与之类似的负面影响。

　　通过对这些微生物群落的不断研究，结论呼之欲出——及时构建健康的肠道菌群对我们的长命百岁是有重要意义的。但我们体内的微生物群落究竟是怎样构成的呢？欲知详情，烦请翻看下一章。

第 2 章

MIT DARM

肠道，人体烹饪锅

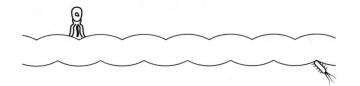

每个人的专属料理

烹饪是一门学问，能做出什么菜品取决于我们选择的食材和使用的作料，菜肴形式多种多样。它们有的辛辣，有的芳香，有的清淡。我们的消化道也可以被当成是人体的烹饪锅，而它的"掌勺大厨"就是我们肠道中的微生物。我们吃下去的食物可以控制特定的细菌在肠道中定居或繁殖，进而控制它们为我们身体生产各种美食。

肠道菌群以多种方式干预我们的代谢过程。有些物质是由不同细菌对不同食物进行分解生产出来的。此外，还有一些物质来源于微生物对我们身体其他部位和其他器官中聚集物（如激素、胆汁酸和蛋白质化合物）的改造。这一系列改造会影响这些物质的有效性。比方说，有一些药物只有经过了人体肠道菌群的改造之后才能发挥全部功效。当然了，我们体内的大厨们也会在无须我们干涉的情况下，自行为身体的"特殊料理"添加一些作料。

甚至还有一些食物只有经过体内微生物群落的处理才能食用。比如，大量食用富含草酸的蔬菜（比如菠菜、大黄菜、苋菜、甜菜和马齿苋等），可能会对身体造成损害。但是在肠道中，我们有一种名叫草酸杆菌的助手，可以代谢食物中的草酸成分，减少我们中毒的风险。如果体内相关细菌缺失，比如接受了长时间的抗生素治疗后，再大量食用此类食物，就很有可能使草酸在体内富集，从而导致肾结石或者缺铁。现在，许多有肾结石倾向的病患都是在微生物群落分析的帮助下，在肠道菌群那里找到了发病原因。

肠道菌群的作用不仅体现在帮助消化上。它们还能生成叶酸、维生素 K_2、B 族维生素和抗氧化剂；能将碳水化合物和益生元纤维发酵成短链脂肪酸；还能激活药物或中和致癌物，保护我们远离病原体的侵害；也能刺激机体的免疫细胞，促进免疫系统成熟。同时，细菌的代谢物还能刺激肠道活动，让我们的肠道黏膜始终保持良好的工作状态，确保肠屏障坚实可靠。它们甚至还能影响我们的神经系统。

出乎意料的效果

肠道细菌的代谢产物伴随血液到达我们身体的每个细胞，甚至可以控制我们大脑中的化学反应。肠道菌群的代谢产物究竟会对我们的身体产生什么样的影响？美国得克萨斯州一位 61 岁老人的案例，可以被视为一个很好的答案。

这位老人总是醉醺醺地躺在角落里，即便站起身来也走得跟跟跄跄，似乎完全不能控制自己前进的方向。但他坚决否认自己喝了酒——"一滴都没喝！"可根据当地医院的体内酒精浓度测试的结果，这位老人的血液酒精含量竟已达到了 3.7‰[1]（相当于 370mg/100mL）。如此高浓度的血液酒精含量，肯定是喝了很多酒才能达到的。铁证如山。可我们的当事人就是一口咬定，他绝不是一个酗酒的人。随着调查的深入，研究人员了解到，这位老人因为一次足部手术而不得不长期服用抗生素，然后怪事就发生了。从那时起，他便开始每天烂醉如泥，清醒不得。

最终，直到一位胃肠科专家推测这位老人不幸得了所谓的"自动酿酒综合征"，老者的痛苦才得以结束。专家在他的粪便中发现了酿酒酵母菌，它还有一个更广为人知的名字——啤酒酵母。

---

[1] 在中国，构成醉酒驾车的标准是血液中的酒精含量大于或者等于 0.8‰（80mg/100mL）。（本书脚注如无特殊说明均为译者注）

这些酵母菌寄生在这位得克萨斯老人的肠道中，把他的身体变成了啤酒发酵罐，认认真真地执行自己的工作——把碳水化合物变成啤酒。换句话说，这位老人就是一个行走的啤酒工厂，他在自己给自己酿酒。

医院里的一个实验也佐证了这个假设。当时，人们将他隔离，仔细布置了他的房间，认真搜查了他的随身物品，确保他不可能接触任何酒精饮品之后，只为他提供诸如面包、意大利面或者蛋糕一类富含碳水化合物的食物。

结果显而易见：每顿饭后，他血液中的酒精浓度都会经历一波飙升。最终，医生给他提供了抗真菌药物和每日膳食计划，他的病才痊愈，这桩悬案才得以落地。究其原因，很有可能是长期的抗生素治疗杀死了他消化系统中的益生菌，导致了酵母菌的扩散。

这个例子告诉我们，在肠道中发生的事情往往不仅作用于肠道，还会影响我们整个身体。

来自肠道的幸福和满足

好在我们的肠道不只会酿造啤酒。我们的身体早已经有了一套利用肠道细菌分泌物来对抗炎症、中和毒素甚至调整记忆、控制情绪的机制。在这个大型生物反应器中，生产出的"菜品"跟我们提供的"食材"与烹饪这些食材的"大厨"有很大关系。寄生在我们消化道中的"大厨"能够生产刺激或者镇静用的神经递质，也可以生成令我们感到愉悦的激素或者其前体，诸如多巴胺、血清素、色氨酸或者 γ - 氨基丁酸。这些物质是我们面对压力时最坚定的支持者，是它们在帮助我们放松身心，是它们在促使我们感到幸福。它们是我们身体的一部分。肠道，既是人体烹饪锅，也是"菜品"与大脑之间的中转站。

有一种由我们人体自行生产的神奇物质，名叫催产素。这是一种信使物质，有一个浪漫的别名——"拥抱激素"。因为它是维系人与人之间关系的纽带和黏合剂。它能创造出一种名为"信任"的感觉，让这世上的芸芸众生得以彼此熟络。是它让我们信任自己的父母、我们的伴侣；也是它让我们在登机时相信我们的飞行员，在手术台上相信我们的外科医生。这种奇妙的物质通常在大脑中生成。而健康的肠道菌群也可以刺激这类激素的生产。乳酸杆菌属的罗伊氏乳杆菌能通过迷走神经在肠道中刺激大脑产生拥抱激素。这一假设目前已经在动物实验中得到证明。除此以外，还有许多迹象表明，拥有健康的肠道菌群，会让我们变得更爱社交，更关爱他人。

快乐激素，也就是血清素，主要在我们的大脑中起作用。它会带来幸福感、满足感和更集中的注意力。而血清素的生产离不开一种基本的蛋白质结构单元——色氨酸。巧的是，这味关键原材料的生产地，正是我们的肠道。

色氨酸通过机体的血液循环从肠道到达上半身，然后顺利穿过血脑屏障。但只有当肠道中产生了足够多的色氨酸时，大脑才能利用这种基本物质生产血清素，让我们的心情更加愉快。抑郁症病患体内往往缺乏血清素，而且血液中的色氨酸含量也不尽如人意。根据日本科学家最近的研究结果，我们可以通过控制肠道中微生物群落构成的办法改变我们血液中的色氨酸浓度。此外，精神压力、肠道炎症和肠道菌群失调都会降低我们体内的色氨酸水平，导致抑郁倾向，甚至抑郁症。在动物实验中，研究人员给灭菌小鼠"接种"了双歧杆菌后发现，小鼠体内那些能改善情绪的氨基酸数量显著增加。而这种细菌本身，正是我们人类肠道菌群中的重要组成部分。

另一种镇静性神经物质GABA（γ-氨基丁酸）的生成也需要细菌的参与。这种蛋白质构件是抑制性神经递质的必要原料。

它能减缓肌肉之间的刺激
传递，减轻神经压力。乳
酸菌属的各类菌株是最
活跃的 GABA 生产者。它
们有的生活在我们的肠道中，有

的生活在添加了它们的奶酪里。但它们不论生活在哪里，都能生
成这种天然的镇静剂。但有一点必须说明，不同类型的奶酪中
GABA 的浓度各异。根据意大利科学家的研究，马苏里拉奶酪中
的 GABA 浓度较低，各类帕尔马干酪中的 GABA 浓度相比前者
要高出一些。但 GABA 浓度最高的，还要数佩科里诺奶酪。倘
若您哪天难以入眠，也许可以考虑去看看超市的奶制品货架。除
了奶酪之外，西红柿或者酱油，也是不错的选择。因为它们能为
GABA 的生产提供必要的原料。所以，太阳落山之后，何不考虑
来上一块恰巴塔面包，佐以美味的奶酪和西红柿沙拉呢？它们会
给您一个宁静的夜晚和一场甜甜的美梦。

幸运鸡尾酒，由细菌制成的超级原料
- - - ● - - -

重要信使物质的生成离不开肠道菌群的刺激，同时，我们也能通过肠道菌群人为干预应激激素的形成。信使物质的生成及其类型与数量，取决于我们给什么样的细菌提供了什么样的原材料。因此，我们可以定向选择我们的食物和那些添加了微生物的膳食补充剂。

● 血清素

血清素的别称是快乐激素。我们的大脑和肠道都能生产这一物质，从而使我们更快乐、更平和。许多抗抑郁药物的药物原理就是通过减缓血清素的分解来抑制抑郁症的发生。可以帮助或刺激血清素生产的益生菌是双歧杆菌。在日常饮食和膳食补充剂中能发挥作用的是黑巧克力、香蕉、坚果、豆类、维生素 B_6、维生素 B_{12}、D 类维生素、Omega-3 脂肪酸、镁离子。另外，阳光的作用也必不可少。

- **色氨酸**

色氨酸是一种氨基酸（氨基酸是蛋白质的组成部分），它是产生血清素和睡眠激素——褪黑素的必要物质。双歧杆菌可以促进色氨酸的产生，日常生活中食用富含蛋白质的食物，如火鸡、鸡肉、牛肉、鱼肉、鸡蛋、坚果和豆类均可起到相应作用。

- **GABA（γ-氨基丁酸）**

GABA 是一种镇静信使物质。学界将之视作一种天然的镇静剂，因为它可以放松身心。鼠李糖乳杆菌、副干酪乳杆菌、乳酸乳球菌、植物乳杆菌、短乳杆菌都可刺激 GABA 的产生。此外，成熟的奶酪，如佩科里诺奶酪和帕尔马干酪等亦含有大量 GABA。此外，西红柿和酱油中也含有 GABA。

● 催产素（拥抱激素）

催产素是一种人际关系的黏合剂。它作为一种信使物质可以消除恐惧，增进人际关系。罗伊氏乳杆菌（通常出现在面包和发酵饮料中）可以刺激催产素的产生。目前，没有能直接提供催产素的食物。我们只能通过行为尤其是身体接触和社会接触行为，来刺激催产素的产生。这些行为有按摩、拥抱、性爱、会见朋友和抚摸动物。

● 肽YY

肽 YY 是一种饱腹感激素。它在增强抗压能力的同时，还能让我们更加快乐。益生元纤维、加氏乳杆菌、短双歧杆菌、乳双乳杆菌、植物乳杆菌和丙酸盐可以刺激肽 YY 的产生。

● 多巴胺

多巴胺也是一种能给予我们良好感觉的激素，它与身体的奖励系统密切相关。当我们成功实现目标或者从事我们热爱的

活动时，多巴胺会给予我们满足感和愉悦感。多巴胺还可以给予我们能量和耐力。我们的身体需要苯丙氨酸和酪氨酸来生产多巴胺。鱼类和肉类，以及燕麦片、面粉、豆类、坚果、香芹、羽衣甘蓝和西蓝花，这些日常食物都富含苯丙氨酸。酪氨酸则多存在于禽肉和多脂鱼肉中，如鲑鱼、鲭鱼、金枪鱼和大比目鱼等。素食者也可从坚果和植物种子中获取酪氨酸，尤其是核桃和南瓜子。大肠杆菌和变形杆菌能够影响多巴胺的浓度。Omega-3脂肪酸亦可提升多巴胺水平。

● **褪黑素**

褪黑素是最重要的睡眠激素，它可以为我们的美梦保驾护航。同时，它也可以防止细胞损伤。通常来说，体内的高褪黑素水平会有效减缓人体的衰老过程。像血清素一样，褪黑素是由色氨酸构成的，只是其生成过程离不开夜晚的黑暗环境。明亮的光线、开着的卧室灯和电子设备（比如平板电脑、手机和个人电脑）屏幕发出的蓝光都会抑制褪黑素的形成。如果您想

要或必须在晚上使用个人电脑，您应该戴上有蓝光过滤功能的眼镜或将屏幕亮度切换到"夜间模式"。这样可以成比例地过滤蓝光，确保褪黑素的生成过程不受干扰。含有婴儿双歧杆菌和益生元的益生菌制剂对于维持足够的褪黑素水平也很重要。巧克力、香蕉和镁也可刺激褪黑素的形成。

● 压力激素

压力激素是一类物质的统称，其中最具代表性的是皮质醇。若体内皮质醇浓度长期升高会严重影响我们的身体健康。该物质会削弱人体免疫系统，增加罹患抑郁症和其他心理、精神健康疾病的风险。植物乳杆菌、鼠李糖乳杆菌、保加利亚乳杆菌、瑞士乳杆菌、嗜热链球菌、乳酸乳球菌、长双歧杆菌、两歧双歧杆菌和益生元可以降低该类压力激素的生产效率。

短链脂肪酸，来自微生物的灵丹妙药

我们的肠道菌群在代谢过程中会产生许多代谢产物，这些物质往往会对我们的身体健康起到重要作用。尤其是短链脂肪酸，包括醋酸盐（乙酸）、丙酸盐（丙酸）和丁酸盐（丁酸）。上述几种物质对于促进机体健康都是十分重要的。它们可能也是我们体内寄居的小居民能为我们提供的最重要、最关键的几种物质了。如果这类物质的生产效率降低，我们人体罹患各种疾病的风险就会上升。

短链脂肪酸往往来自那些被称为"益生元"的细菌在我们肠道中针对一些特定食物的分解。这些食物往往是人体无法直接消化利用的植物纤维。这些"原料"在经过消化系统的一系列预处理之后被送到大肠，变成细菌们的养料，经由它们"狼吞虎咽"的加工变成短链脂肪酸。这类物质是我们的肠道甚至整个身体的重要能量来源。根据研究，它们差不多能满足人体每日所需能量的 10%。这些能量中的大部分又被肠道细胞吸收和利用——大肠上皮细胞和肠黏膜所需能量的 70% 以上由这些短链脂肪酸直接提供。

此外，短链脂肪酸可以很容易地通过肠道进入人体血液系统。这使得它们能到达身体的每个角落，和附着在细胞上的受体结合，在整个生物体中发挥重要作用。短链脂肪酸的受体细胞多为免疫细胞和那些负责代谢脂肪和代谢糖的细胞上。这使得生产它们的细菌成为对抗肥胖、脂肪肝、糖尿病和各种炎症的有效武器。

丁酸盐，健康的臭弹

丁酸盐！丁酸盐！丁酸盐！重要的事情要说三遍。奶酪、酸菜、呕吐物、汗脚和变质黄油的臭味全都是因为它。说个笑话：我们甚至可以用这些东西去制造臭弹。乍看之下，我们得离这种东西远远的。但事实不然，对我们的肠道来说，丁酸盐是一种必不可少的物质，它对肠道的健康和正常工作至关重要。倘若缺乏丁酸盐，我们的肠道会严重萎缩，进而削弱肠屏障。

所谓肠屏障，就是由若干特定细胞通过一种类似纽扣的方式连接在一起所构成的安全系统。这一系统可以让那些重要的营养和信使物质进入体内，并抵御那些不速之客的侵入。这就意味着，所谓的屏障绝非铁板一块，它有一种绝妙的开合机制。一方面，它必须使所有身体需要的东西渗透进来；另一方面，它还必须阻隔肠道内外环境。而控制这一套开合机制的"钥匙"正是那些臭烘烘的丁酸盐。丁酸盐能加强细胞之间的"纽扣连接"，使得肠

45

屏障系统更加稳定。通过这种方式，丁酸盐可以防止大块食物成分、粪便或细菌从肠道（你期望它们待的地方）渗入肠壁（你不想它们待的地方）进而引起炎症。因此，对那些罹患慢性肠炎（诸如溃疡性结肠炎或者克罗恩病）的患者来说，适量补充足够水平的短链脂肪酸是必要的。它们可以稳定肠屏障，减少炎症。但不得不指出的是，慢性肠炎患者的肠道内往往缺少用以生产丁酸盐的微生物。

丁酸盐的拮抗剂是连蛋白（Zonulin）。这种物质可以松开细胞们紧紧扣住的双手，产生一个狭窄的间隙，允许来自食物中的小分子营养物质通过这条秘密小径进入体内。这就意味着，无论多么轻微的肠道生态失调，都会影响这一脆弱的平衡机制。在这种情况下，受到干扰的肠道菌群无法为机体提供足够的丁酸盐，可饥饿的肠细胞仍在源源不断地产出更多的连蛋白。这就使得我们那本就"四处漏风"的肠屏障的渗透性显著增加，可能会引发一连串惨不忍睹的负面后果。如果我们任由这样的情况发展下去，一种名叫"肠漏症"或者"肠漏综合征"的疾病就会找上你。在医学界，医生通常通过测定粪便中的连蛋白含量确定患者是否患上了肠漏症。

但丁酸盐的作用还远不止于此。它们可以和另一种短链脂肪酸——丙酸盐一同作用，降低人们罹患肠癌的风险。因为，这两种脂肪酸可以激活细胞内的死亡程序，使得细胞按身体的既定方针凋亡，或者说自我毁灭。这种机制的存在可以在相当程度上消灭潜在的危险。那些不幸罹患肠癌的病患，往往也和那些得了慢性肠炎的患者一样，体内严重缺少能生产丁酸盐的细菌。此外，长期慢性肠炎和肠癌在医学统计学上的正相关性也证明了炎症、丁酸盐缺乏和肠癌发展之间存在着明显联系。

丁酸盐的生产与日常饮食的关系

平均而言，我们人类的肠道中有大约 20 种可以生产丁酸盐的细菌菌株。从身体对"丁酸盐生产商"的大量储备也可以看出，丁酸盐真的是一种十分重要的"战略物资"。研究人员发现，

肠道中的丁酸盐生产取决于我们给"生产商"们提供的原料，即我们吃下去的东西。那些植物性食物，尤其是那些富含大量益生元的食物膳食纤维对我们体内的"生产商"大有裨益。但如果我们特别喜欢鲜肉、

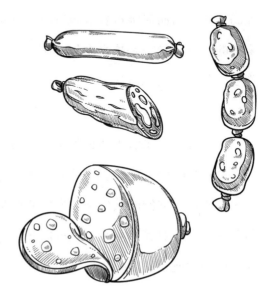

香肠和奶制品，那么"丁酸盐的生产商"就会因缺少原料而大量"倒闭"。

由于不良的饮食习惯，已经有相当一部分人无法为自己的身体提供足够的丁酸盐了。在一项调查中，研究人员发现，绝大部分实验参与者的肠道细菌对益生元纤维的分解率超过95%，换句话说，他们的肠道内有正确的细菌。然而，实验中仍有一部分人的益生元纤维分解率不到40%，这就意味着他们的身体中缺少对应的微生物。这一现象的原因可能是，长期不均衡的饮食，包括没有足够的蔬菜和全谷物产品的摄入，或者长期接受抗生素治疗，导致"丁酸盐生产商"大量减少。

"丁酸盐生产商"中最重要的成员是普氏栖粪杆菌。它能滋养肠黏膜，因而对维持肠屏障有决定性贡献。这种细菌有两种最喜欢的食物，第一是抗性淀粉；第二是它的"同伴"嗜黏蛋白阿克曼菌（*Akkermansia muciniphila*）的分解产物。Muciniphila在拉丁语中是"爱黏液"的意思，这么说起来，它还挺"菌如其名"的。这些小家伙生活在整个消化道的黏液层中，并定期分解黏液。它们的分解产物能保障普氏栖粪杆菌的健康，并被后者分解为丁酸盐。它们的共生又一次向我们强调了一个真理——肠道菌群的多样性对其宿主有益，也向我们揭示了肠道细菌之间密切的合作和对彼此的依赖程度。因此，我才不断强调，消化道中的生态平衡对我们的肠道健康十分重要。

肠道中的脂肪酸		
脂肪酸类型	健康的肠道	肠屏障减弱 / 慢性炎症性肠病患者的肠道
醋酸	60%	70% ~ 80%
丙酸	20%	10% ~ 15%
丁酸	20%	8%

抗性淀粉与丁酸盐产量

丁酸盐的产量关乎我们身体的发育和健康。为了保证这一重要物质的产量，我们体内的微生物们每天都需要大量的益生元纤维，尤其是来自"3型抗性淀粉"的益生元。只有在它们充足的情况下，肠道菌群才能正常工作。所谓抗性淀粉，是益生元的一种，同时也特指那些难以被上消化道直接分解和消化的膳食纤维。更进一步来讲，这些物质无法被上消化道直接吸收，因此会被机体原模原样地直接输送至肠道。在大肠对它们进行进一步加工之前，它们必须先在小肠中接受其内寄生菌群的分解和代谢。为了保证机体日常所需的丁酸盐产量，我们每天应该至少摄入 10~15

克抗性淀粉。在我们的身体习惯之后，提升至每日 20~25 克也是可以的。

好在，这些十分重要的原料广泛存在于我们的日常食物中，其含量往往取决于食物的成熟度或者烹饪方式。如果将含有淀粉的食物煮熟后冷却，淀粉就会变得"有抗性"。因为，淀粉分子会随着冷却而发生变化，从而对消化酶产生抗性。经常吃寿司、意式冷面和土豆沙拉的人往往要比那些习惯吃热米饭、热意大利面和烤土豆的人获得更多的抗性淀粉。由于抗性淀粉不容易被消化，所以米饭、意大利面、粥或者土豆等食物在冷却后的热量往往要比刚出炉时更低。即便我们将冷却的食物重新加热，比如薯条，其内部的抗性淀粉也会被保留。您可以在本书第 221 页一览抗性淀粉在各种日常食物中的含量。

手把手教你提升身体的丁酸盐产量

- - - ● - - -

丁酸盐是我们肠道细胞重要的能量来源和保持身体健康的关键物质。生成足够的丁酸盐对我们而言十分重要。因此，我们需要合适的细菌和抗性淀粉作为其初始材料。

如果您在日常饮食中难以获得足够的抗性淀粉，请每天在酸奶或者冰沙中加入一些土豆淀粉或者玉米淀粉。淀粉是一种水溶性物质。一汤匙土豆淀粉中，可以被人体内细菌消化的抗性淀粉有 7~8 克。为了让我们的肠道习惯这种"粗饲料"，我们不能急于求成，要循序渐进。比如，一开始补充半茶匙或者一茶匙，然后酌情缓慢增加。

地中海式饮食[1]也会提升我们体内的短链脂肪酸水平和生

---

[1] 地中海式饮食这一饮食结构强调多吃蔬菜、水果、鱼、海鲜、豆类、坚果类食物，其次才是谷类，并且烹饪时要用植物油（含不饱和脂肪酸）来代替动物油（含饱和脂肪酸），尤其提倡用橄榄油。因其符合希腊、西班牙、法国等地中海沿岸南欧国家的饮食和烹调习惯而得名。

产丁酸盐的细菌数量。顺便说一句，低碳水、高蛋白的日常饮食会产生相反的效果。

丁酸盐也可以通过服用膳食补充剂（丁酸钠）的方式摄入。建议每日剂量为 600 毫克。

丙酸盐，重要的体重调节剂

丙酸盐（丙酸）是另一种重要的脂肪酸，它通常与丁酸协同作用。欧盟已经批准了这一类物质在食品中的添加使用。其多用作食品的保鲜剂，防止食品发霉。对人体而言，它们的主要职责是调节体重、食欲和糖类代谢。通常来说，它们并不讨人喜欢，毕竟，丙酸连同其衍生物通常被视为口臭的原因。

但丙酸盐也有许多不容小觑的优良特性。肠道中寄生有许多和丙酸盐生成有关的细菌，它们被发现对人体代谢和体重保持有重要作用。丙酸能刺激饱腹激素肽 YY 的产生。这些激素可以通过血液直接被输送到大脑，在一个特定的地方产生作用，向我们的大脑报告："我已经吃饱了！"我们就会自然而然地停止进食。如果缺少这些至关重要的信使物质，我们就不会有饱腹感。

研究表明，如果小鼠体内的这一激素分泌发生改变，不能生成足够的肽 YY，它们就会在相当短的一段时间内发胖。对那些肥胖人群而言，如果能适当服用丙酸盐类膳食补充剂，他们体内的肽 YY 水平就会增加，吃得更少，瘦得更快。在研究过程中，研究人员也发现，那些受到高丙酸盐水平影响的参与者在看到美味佳肴的照片或者实物的时候，脑内发出饥饿信号的区域反应很微弱，这证明他们没有产生食欲。

丙酸，免疫细胞的主宰

此外，丙酸也是一种重要的免疫调节剂。它们可以同身体内的丁酸盐一同作用，影响某些免疫细胞。对我们的身体来说，平衡就是一切。我们身体的内外平衡哪怕产生了一丁点微小的变化，对我们人体来说，掀起的都是滔天巨浪。这一点尤其适用于我们的免疫系统。不同的免疫信使物质对我们身体的影响不同，有些会刺激免疫反应引起炎症，有些则会减缓免疫反应。但只要它们能保持一个平衡的状态，我们的身体健康也能保持。但如果这脆弱的平衡被打破，问题就会接踵而至。

几年前，研究人员在我们的免疫系统中发现了一对兄弟：TH17 细胞和 Treg 细胞。简单来说，TH17 细胞就是体内的纵火犯，Treg 细胞则是消防员。与现实生活中不同的是，我们体内的"纵火犯"——炎症促进细胞，可不是什么彻头彻尾的坏蛋，它们在我们的免疫系统中发挥了重要作用，主要是消除病原体的侵犯。但如果 TH17 细胞失控，各种相关疾病就会不请自来。例如，多发性硬化症的罪魁祸首就是 TH17 细胞。在"无人制约"的情况下，它们会大肆攻击我们颈部的甲状腺腺体细胞，损伤我们脑中的神经细胞。除此之外，研究人员还发现，它们似乎和高血压也有不可分割的关系。

好在，我们的体内还有 TH17 细胞的兄弟——Treg 细胞。"Treg 细胞"是"调节性免疫 T 细胞"的缩写。"人如其名"，这正是它们的工作内容——负责调节、控制免疫系统，从而防止过度的免疫反应和慢性炎症。因此我们才说 TH17 细胞是我们体内的纵火犯，毕竟它们能煽起体内对抗炎症的熊熊大火，而 Treg 细胞则可以通过"扑灭火焰"或者"消防检查"来防止免疫系统被不必要地激活。

而在这个过程中，丙酸扮演的角色正是这些细胞的主宰。如果 Treg 细胞在我们体内的工作能正常进行的话，对我们机体而言，起码在过敏和自身免疫性疾病方面是有益的。在神经系统中，它们甚至可以影响多发性硬化症的发展和病程。但这些免疫细胞离不开短链脂肪酸，尤其离不开丙酸。只有在丙酸充足的情况下它们才能发挥作用。

如果我们能摄取足够多不易消化的纤维，并且体内有足够的细菌能将其加工成丙酸盐，那么 Treg 细胞在免疫回路中就能起到决定性作用了，并且推动它的兄弟——TH17 细胞发挥附加作用。注意：在身体有功能正常的肠道菌群的情况下，我们可以从 20 克不易消化的植物纤维中获得 600 毫克的丙酸盐，从而确保免疫系统内部的平衡。丙酸盐缺乏似乎也可以解释长期食用工业快餐和低纤维饮食和肺病多发之间的正相关性。

众所周知，富含水果、蔬菜和全谷物的饮食可以显著降低罹患哮喘病的风险。瑞士科学家现在已经对这一现象的发生机制进行了研究，似乎丙酸盐正是机制中的重要连接链。如果高纤维食物在肠道中形成了丙酸盐，它会被搬运到我们防御细胞的"托儿所"——骨髓之中。在那里，丙酸会为未成熟的防御细胞提供发育刺激。当免疫细胞成熟并被允许离开骨髓后，它们会迁移到肺部。在那里，受过专门训练的细胞就像是纠纷调解员一样，可以防止哮喘典型的过度免疫反应，并减轻其他肺部疾病的症状。

丙酸甚至可以成为某种合法的兴奋剂，因为它可以提高耐力运动员的表现。肠道中大量生产丙酸盐的韦荣氏球菌可以为运动员提供额外的丙酸盐。这对运动员们真的很有帮助（下一章我们会进一步讨论）。

手把手教你提升自己的丙酸水平
- - - ● - - -

1. 运动。在我们运动时身体会产生大量乳酸，然后一些细菌（比如韦荣氏球菌）将身体产生的乳酸转化为丙酸。

2. 菊粉。菊粉是一种存在于芦笋、大蒜、菊苣、欧洲防风草、朝鲜蓟、韭菜或者洋葱中的益生元。它可以很好地转化为丙酸盐，并促进生产丙酸的细菌生长。

3. 埃曼塔奶酪。这种来自瑞士的奶酪中也含有能生产丙酸的细菌。

4. 含丙酸的膳食补充剂。研究表明，丙酸钠或丙酸钙（以及其他丙酸盐类膳食补充剂）可以促进饱腹感激素产生。从长远来看，每日服用 0.5~1 克丙酸盐类膳食补充剂，可以减轻体重。但请注意，如果您患有糖尿病的话，请不要服用大剂量丙酸盐类膳食补充剂。因为这很可能导致您的血糖水平轻微升高。

关于短链脂肪酸（丙酸和丁酸），
您必须知道的小知识
- - - ● - - -

1. 它们能刺激肠黏膜的血液循环，为肠细胞提供能量。

2. 它们具有抗炎作用，可以降低自身免疫性疾病和过敏的风险。

3. 它们使肠道呈酸性，为肠道内居民提供健康的"气候条件"。

4. 它们能加强细胞之间的连接，使肠屏障更加坚实。

5. 它们能减少饥饿感，并降低血糖水平。

6. 它们能提高运动员的表现。

7. 它们能刺激抗炎的 Treg 细胞的产生。

8. 它们可以预防肠癌，因为它们能驱使不健康的肠细胞自我毁灭（凋亡）。

醋酸盐，体重增长的罪魁祸首

醋酸，我们厨房里的老伙伴了。当然，我们消化道中的细菌也能生产这种物质，它们的生产状况，取决于我们的饮食习惯。在小白鼠实验中，高脂肪的饮食会极大促进醋酸盐的产生。人体测试中也发现，高热量、高脂肪饮食会使得肠道菌群产生更多的醋酸。同丙酸盐类似的是，醋酸盐也可以穿过肠屏障，并通过血液到达大脑，并扮演丙酸盐的拮抗剂角色。醋酸可以刺激迷走神经，并刺激两种信使物质的释放，其一是生长素释放肽，其二是胰岛素。前者是一种刺激食欲的激素，主要在胃和胰腺等部位产生。当血液中含有大量生长素释放肽时，我们便会产生饥饿感。而胰岛素则是我们身体中唯一一种能降低血糖的激素。因为它能够将糖（以及热量）转移到细胞中。然而，这一过程实际上有负面影响。作为一种广为人知的"肥胖激素"，过多的胰岛素会用营养物质填满脂肪细胞，让我们的屁股越来越大，腿越来越粗。在动物实验中，研究人员切断了动物的迷走神经之后，醋酸盐就不能刺激相关激素的释放了，体重自然也就不会增加了。

谁在肠道中为我们提供丁酸盐、
丙酸盐和醋酸盐？

--- ● ---

产生这些重要短链脂肪酸的细菌的名字往往十分拗口。我们的表中只列出了它们中最重要的几位代表。如果您对自己进行微生物群落分析，就可以清楚地看到这些细菌在你体内的生存状态。如果当前您没有这样的条件，也可以在本书第 243 页找到一些帮助补充丁酸盐和丙酸盐生产菌的膳食。

1. 可以产生丁酸盐的细菌

普氏栖粪杆菌、嗜黏蛋白阿克曼菌、罗氏菌属、普雷沃氏菌属、直肠真杆菌、拟杆菌属、瘤胃球菌属、穗状丁酸弧菌、毛螺菌科、丹毒丝菌纲、布劳特氏菌属、假丁酸弧菌。

2. 可以产生丙酸盐的细菌

普雷沃氏菌属、脆弱拟杆菌、嗜黏蛋白阿克曼菌、丙酸杆菌、毛螺菌科、韦荣氏球菌属、梭状芽孢杆菌属和消化链球菌属。

3. 可以产生醋酸盐的细菌

多尔氏菌属、拟杆菌属、另枝菌属、肠球菌属、粪球菌属、艰难梭菌。

亚精胺，人体活力之源

亚精胺，一种神奇的抗衰老物质。它既广泛存在于我们的日常食物中，也可以由我们肠道内的"承包商"们稳定产出。因斯布鲁克大学的医学研究团队最近开展了一项国际研究项目，通过对 800 余名实验志愿者的营养分析，他们得出了一个有趣的结论：那些血液和细胞中含有大量亚精胺的志愿者有望获得更长的寿命、更健康的身体。研究人员分析了志愿者们近 20 年来的饮食习惯，发现那些每天摄入约 12 毫克亚精胺的志愿者的身体年龄和健康状况远远优于那些亚精胺摄入量不足的志愿者。从某种程度上，我们可以认为，前者的预期寿命要比后者多 5 年左右。

亚精胺在生物体内和细胞之间扮演的角色大致相当于春季大扫除时的扫把。它们可以让我们体内的细胞切换到"清洁模式"，生物学和医学的术语管这个过程叫"自噬"。在自噬状态下，细胞们因"禁食"而饥饿，最终缓慢凋亡，以促进我们身体的健康。但俗话说得好，"人是铁，饭是钢，一顿不吃饿得慌"，普天之下没有喜欢挨饿的人，自然也没有主动去挨饿的细胞，那又该如何让它们进入"禁食"状态呢？好在有亚精胺。亚精胺在这个过程中扮演了一个"禁食监督者"的角色。它可以逼迫不健康或者不再需要营养的细胞进入"自噬"状态，好让其他的细胞将之分解。

对我们的大脑来说，这种"大扫除"是十分必要的。研究人员已经通过动物实验证明，亚精胺可以有效防止动物大脑老化。除此之外，奥地利的科学家们也有了更具说服力的人类实验结果。专家们在实验中将那些患有轻度记忆障碍的老年人分成两组，第一组老年人获得了亚精胺作为膳食补充剂；第二组老年人则为对照组，获得的只是安慰剂。3个月的实验表明，只有第一组的老年人确实出现了记忆力改善的好现象。

亚精胺的魔力不止于此，科学家还发现，亚精胺具有保护细胞免受病毒感染和侵害的能力。众所周知，病毒感染会导致细胞的各种功能显著削弱。我们可以把人体细胞看成是一栋年久失修、凌乱不堪却又挤满了各色人等的公寓楼。对传染病来说，没有什么地方比这里更适合自己的快速传播了。好在，由德罗施登教授领导的柏林研究小组发现，亚精胺可以帮助那些被病毒感染的细胞，从而显著减缓病毒的增殖速度，减缓比例甚至可以达到85%以上。此外，如果我们能给身体内的细胞提供足够的亚精胺的话，健康细胞也能更好地抵抗病毒的感染，可谓获益匪浅。

亚精胺的来源

人体中的亚精胺主要存在于精液和体细胞中。然而，纵观我们的一生，人体主动产出的亚精胺数量其实少得可怜。因此，以其他方式为自己补充这些神奇的抗衰老物质就显得尤为重要了。好在，这味灵丹妙药广泛存在于我们的日常食物之中。比方说，小麦胚芽的亚精胺含量就非常之高，每100克小麦胚芽可为我们人体提供24毫克亚精胺。同等质量的陈年切达奶酪或者干大豆中含有约20毫克亚精胺。除此之外，南瓜子（10毫克/100克）、蘑菇（9毫克/100克）、坚果（2~7毫克/100克）、豌豆（2~7毫克/100克）、米糠（5毫克/100克）、碎牛肉（4毫克/100克）、西蓝花（4毫克/100克）、花椰菜（4毫克/100克）、杧果（4毫克/100克）、玉米（4毫克/100克）、鹰嘴豆（3毫克/100克）、苹果（2毫克/100克）和全麦面包（2毫克/100克）都是补充亚精胺的优秀食物。

根据前文提到的因斯布鲁克研究小组的研究，每日食用两份全麦面包、两份沙拉和一个苹果，亚精胺摄入量就差不多完成了三分之一。当然，您如果想追求更健康、更均衡的饮食也未尝不可，比如，在吃早餐的时候，往燕麦粥里额外加入两汤匙小麦胚芽或者一小片荷兰哥达奶酪，又或者一小片切达干酪。

　　我们肠道内的一些细菌和其他益生菌膳食补充剂中的细菌也能产生大量的亚精胺和其他多胺。例如，双歧杆菌益生菌补充剂就可以增加肠道中的亚精胺的产量。这不仅能改善我们的肠道健康，还能延长我们的寿命，显著提升生活的质量。同样，只需要我们提供足够的益生元纤维，比如果胶、菊粉或者瓜耳豆胶，乳酸菌（乳酸杆菌）、拟杆菌和梭杆菌也可以大量生产这些对我们健康有益的物质。

益生元、益生菌和合生元

- - - ● - - -

益生元、益生菌和合生元对肠道和皮肤菌群的再生、维护和优化具有多种功效。

1. 益生元膳食补充剂

益生元，顾名思义，就是对身体有益的元素，专指不能为人体直接消化和吸收，必须通过肠道菌群分解的难消化食物成分。我们可以将之视为专门为我们的肠道细菌提供的"细菌食物"。当"细菌食物"充足的时候，我们的肠道菌群便会茁壮成长、不断繁殖。专家认为，每日摄入 5 克益生元就可以对我们的身体产生积极的影响。当然，多多益善。但需要指出的是，对绝大部分现代人来说，我们每日的益生元纤维摄入是不够的。德国营养学会曾建议每人每天至少摄入 30 克益生元纤维。但事实上，绝大部分人连 20 克这个数字都达不到。表面来看，10 克之量不过"鸿毛一根"，但日积月累，这每日 10 克的缺少对我们的健康来说，可有"泰山之重"。

这里需要特别注意的是，并非所有的纤维都是益生元。只有那些能承受住胃液或者其他消化液分解，能随着肠蠕动到达小肠、大肠，并能被肠道菌群分解、发酵、吸收的，才可以被称为"益生元"。

2. 益生菌膳食补充剂

益生菌，顾名思义，对人体有益的细菌，专指那些能进入肠道、仍具备相当活力，并对人体健康产生积极影响的细菌。这里需要特别注意的是，益生菌首先必须是活着的，其次必须是能经住胃酸和胆汁酸攻击并能进入肠道之中的。常见的益生菌膳食补充剂成分多为乳酸菌和双歧杆菌。

3. 合生元膳食补充剂

合生元，顾名思义，指综合了益生元和益生菌的食物或者膳食补充剂。它的优点显而易见：能同时向肠道中送去益生菌和益生元。换句话说，它能为益生菌在我们肠道中的扎根提供最初的营养物质。如果能尝试着将益生菌和益生元结合使用，那再好不过了。

第3章

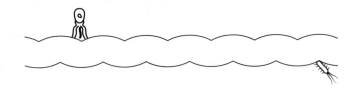

抗衰、健身和美肤

更年轻的容颜，更长久的生命

据说，魅力非凡的法国百岁老人珍妮·卡尔梅特（Jeanne Calment）曾在她的期颐晚宴上对宾客打趣道："我的身上只有一条皱纹，而它现在就隔着我的衣服，挨着我的凳子。"但岁月不饶人，22 年后，她还是去世了，但她已刷新了有记录以来的人类最长寿纪录。遗憾的是，受限于 1997 年的时候，人类微生物研究工程刚刚起步，技术尚不成熟，我们没能取得她的肠道菌群样本。现在想来，我们可能永远也没法揭开她那青春常驻的面容和那精神矍铄的身体之下的秘密了。我们所能知晓的，也许只是一种暗示，又或者是一种玄学的启发，即看起来越年轻的人，活得越久。

这看似是一句废话，但丹麦的研究人员通过严谨的实验证明，这句话的背后似乎隐藏着长生不老的秘密。在千禧之交，研究人员对 800 名年龄在 70~90 岁的老年志愿者进行了细致的研究。他们的目的是找出目测年龄和预期寿命之间是否存在着某种对应关系。为了排除衰老过程中的遗传因素影响，科学家们最终将研究对象锁定在一对双胞胎身上。实验方法是，让护士、年轻的男性和年长的女性对着那对双胞胎的照片猜测他们的年龄，与此同时，对两位老人的身体和心理健康进行细致专业的医学测试，并以细胞生物学年龄（染色体端粒长度测量）为两位老人进行年龄鉴定和预期寿命估算。在经过 7 年的跟踪研究之后，研究人员的结论是：那对双胞胎不但看起来年龄差异很大，预期寿命差值也很大。进一步讲，那位看起来更年轻的老人，不仅有着更高的预期寿命，同时在身心能力测验和血液检查中的表现也更好。

他们也对双胞胎的肠道菌群进行了更为细致的研究，发现二者的衰老速度很有可能与一种名叫普氏栖粪杆菌的保护性细菌存在相关性。根据前文，我想诸位读者已然知晓，这种细菌是一种重要的丁酸盐生产者。这再一次证明了我们一直在重复的那个道理：多样化的肠道菌群对我们的身心健康至关重要。

健康的生活方式和多样化的肠道菌群能够延缓衰老是显而易见的。同样，年轻的外表也能反映内脏的状况。因为几乎所有能使我们的心脏、大脑和血管保持年轻的物质，也都能防止皱纹生长、肥胖和衰老。

如何长期保持年轻和活力?

平均而言,我们这一代人要比我们的曾祖父母和祖父母活得更长久。相关医学统计也表明,现在每个孩子的预期寿命都明显高于他们的父母。专家认为,千禧年之后出生的女孩子的平均寿命将有望达到100岁。由于更好的生活条件和更完备的医疗保健,目前西方世界的预期寿命仍在提高。但身体的健康情况呢? 70岁、80岁甚至90岁的人,他们的身体与那些正处于壮年期的人有什么差别呢? 又或者,那些正值壮年却已然失去活力的人,他们的身体和那些耄耋老者的又有什么差别呢?

至少目前最前沿的科学研究能告诉我们的是——我们体内的微生物群落既可以成为我们延年益寿的重要帮手,也可能会成为我们天不假年的帮凶。但不得不承认的是,肠道细菌确实参与了我们机体的诸多重要过程,其中许多是我们已知的,一定会对我们预期寿命产生影响的过程,包括但不限于炎症、人体内氧化还原反应(自由基的产生与代谢)、血糖水平的调整、免疫系统的调节和激素的分泌。同时,研究也表明,人体衰老并非如我们固有印象中那样,在笔直的时间高速路上匀速狂奔。在这条曲折的道路上,我们和我们的细胞,拥有无数次踩下刹车,悠闲享受人生之路上壮阔美景的好机会。

健康的肠道菌群，我们漫漫人生路上的最好帮手

1. 为慢性炎症"浇盆水"

慢性炎症能通过诸多机制加速我们人体的衰老，并增加肥胖、皱纹生长、血管钙化和智力早衰的风险。医学术语将这一过程称为"炎症老化"。研究表明，慢性炎症的发生通常与肠道菌群的多样性丧失和生态失衡密切相关。我们的肠道是那些可以减少炎症和增加炎症的细菌共同的家园。研究人员将生活在其中的LPS细菌称为促炎细菌。这里的LPS并不指生物学上的某一种或者某一类细菌，它的意思是"脂多糖"。脂多糖是一种毒素，常见于一些细菌的外膜之上。如果这些LPS细菌与肠道中的免疫细胞接触，就会激起身体的炎症反应，字面意义上的"牵一发而动全身"。对那些长期接受"肠道清洁治疗"或者长期保持低纤维饮食的人来说，他们肠道菌群的炎症促进倾向确实更加明显，哪怕他们目前还处于可以压制炎症反应的年龄。

许多益生菌，特别是双歧杆菌和乳酸杆菌，以及那些可以形成丁酸盐的细菌，都有相当的抗炎特性，我们可以有针对性地选择补充。此外，Omega-3脂肪酸（广泛存在于多脂鱼类、油菜籽或亚麻籽油中）、姜黄和生姜，以及其他富含抗氧化剂的食物都能在抗炎的同时促进肠道菌群的健康。

2. 为自由基的生产"关阀门"

自由基是我们人体在每日新陈代谢或者日常生活中产生的攻击性基团。如果它们的数量超过某个阈值，就会对细胞膜或者细胞核内的遗传物质造成损害。医学研究领域有一个词叫"氧化应激"，这一过程能在许多疾病的产生和促进人体的衰老方面起到重要作用。通常来说，能清除自由基的保护性物质被称为抗氧化剂。而这类物质中的大部分，要么是我们肠道细菌的代谢产物，要么是我们入口的食物。通常来说，面部皱纹越少的人，体内抗氧化剂的含量就越高，这使得他们在外表上看起来更年轻。而外部皮肤的老化与否恰恰能反映出内器官的实际年龄。

多酚，这种常见于植物中的物质是种特别有价值的抗氧化剂。因为它能减缓心脏、大脑和皮肤的老化。只是这类物质必须被我们体内的微生物群落分解后才可被人体吸收，否则它们只会随着马桶水被冲走。因此，只有健康的肠道菌群才能使这类健康的食物发挥出百分百的功效。乳酸菌和双歧杆菌能产出有清除自由基功能的保护酶，它们本身也能生产出类似于水果和蔬菜中的抗氧化剂。此外它们可以减少炎症，从而间接减少自由基的再生。研究表明，摄入发酵乳杆菌、加氏乳杆菌、嗜热链球菌、婴儿双歧杆菌和长双歧杆菌可以帮助人体更好地抵抗自由基的侵蚀，并增加血液的抗氧化能力，改善皮肤的状况。

3. 为必要维生素的合成"填原料"

维生素 B_6、维生素 B_{12}、K 族维生素、叶酸和生物素等物质是我们人体所必需的。维生素 B_6 对脂类的代谢、神经递质的产生和人体激素水平的高低有至关重要的影响。维生素 B_{12} 则是血液形成和解毒过程中的必要物质，可以保持我们血管的弹性，维护神经系统的健康。乳酸菌和双歧杆菌可产生叶酸和 B 族维生素。此外还能增强骨骼以防止骨质疏松。双歧杆菌和其他拟杆菌属细菌也是 K 族维生素的生产者之一。生物素也被称为维生素 H，这里的 H 代表了皮肤和头发。因为生物素可促进肌肤焕发光泽、指甲坚固平滑和秀发浓密闪亮。拟杆菌属细菌是生物素的重要生产者。

4. 为血糖飙升"踩刹车"

肠道菌群的构成不同，从肠道中输送至血液的糖分就不同。糖的摄入量和体内自由基的数量有很强的正相关性。在实验中，研究人员已经发现，那些血糖水平高的人不但要比血糖水平低的人从外表上看起来更老，在机体层面，他们的衰老速度也要更快。也许会有很多人说，现代食品工业可以用甜味剂（代糖）代替传统糖类。但实验表明，各种甜味剂虽然不会为机体提供任何碳水化合物，但它们仍能对我们的肠道菌群产生巨大的不利影响。而受影响的肠道细菌会逼迫我们在日常饮食中摄入更多的糖分，从而使得我们的血糖水平升高。行文至此，我们不得不说，确实有一些肠道细菌可以控制我们的血糖，但此处先按下不表。

5. 为免疫系统的战士们"加把劲"

免疫系统的薄弱不只会导致流鼻涕和声音嘶哑，还会让我们更快衰老。这一点，想必那些为了治疗某些疾病而不得不人为削弱免疫系统的人早有体会。但即便是对那些拥有健康免疫系统的人来说，那些一直为我们的身体健康而战斗的战士也终有丧失活力的一天。而它们的生存与否对于我们的身体至关重要。好在，我们可以通过很多方式延迟它们的衰老，其中的关键正是均衡饮食。因为，作为人体防线重中之重的免疫系统需要大量的营养。如果您确实在生活中因为压力、竞争或者疾病而导致免疫系统的负担加重，请务必通过一些膳食补充剂为您的免疫系统加把劲。很多医护人员已经发现，那些免疫系统显著减弱的老年人，通常都有锌离子摄入量不足的情况。在这种情况下，增加锌离子摄入会使免疫系统重新运转起来。在冬日，每日服用维生素 D 也可以增强免疫系统。此外，硒（广泛存在于坚果中）和维生素 C（广泛存在于辣椒和柑橘类水果中）也是增强免疫系统的好选择。益生菌和益生元纤维也可以非常有效地增强免疫系统。研究表明，这些举措不仅可以减少老年人罹患传染病的风险，减少炎症，还能为处于激烈社会竞争中的广大青壮年提供身体上的额外支持。

6. 拥抱健康的激素

激素也是我们身体内重要的抗衰老物质。它们控制着我们的新陈代谢、身高体重、身心健康和皮肤质量。但不得不承认的是，不论男性还是女性，随着年华的老去，体内激素的分泌量都在减少。当然，我们这里讨论的激素不仅限于性激素。在生命过程中，激素失衡确实是一个十分常见的现象。虽然，我们体内的微生物也无法完全阻止这一逐步退化的趋势，但它们可以对这一趋势进行干预和调节，尽可能地使其保持一个相对平衡的状态。这一过程看似微小，但对我们整个人生的幸福却十分重要。肠道菌群可以调节甲状腺激素的形成，通过镇静被过度刺激的大脑区域来减缓压力激素的产生，并调节和释放可以分解压力激素的酶。而双歧杆菌和乳酸菌，尤其是嗜酸乳杆菌，则可以通过阻断肠道中某些酶的作用，分配我们体内的性激素，稳定雌激素和孕激素的比例，从而调节激素波动导致的不平衡。这样的好事情当然也有男性同胞的份。至少在动物实验中已经证明，罗伊氏乳杆菌能够减缓睾酮素的老化。那些拥有这些细菌的老鼠，即便是到了暮年也能雄风不减当年，将自己的睾酮维持在一个相当高的水平。

7. 为肠屏障"添砖加瓦"

健康的肠道菌群可以预防肠漏综合征，从而降低罹患慢性炎症、神经系统疾病、自身免疫性疾病和过敏的风险。肠漏指的是肠黏膜通透性的病理性增加。除了特定情况外，肠漏一般是长期抗生素治疗和日常饮食缺乏纤维导致的。研究表明，麸质会使过敏人群的肠道更具渗透性。

微生物与更快、更高、更远

对肠道微生物群落的研究现在已经成功踏入了健身、休闲和竞技体育领域。诚然，目前相关的研究还处于初始阶段。但这一方向是正确的，因为运动员们的表现取决于诸多因素。为了更好地表现，他们需要足够的能量和营养；他们的身体还必须能够保护自己免受运动导致的炎症和自由基的侵害，并在剧烈运动后尽可能快速地恢复。研究人员已经发现，在上述事项中，微生物功不可没。它们是教练、陪练和理疗师的三位一体。当然，这一过程并非是直来直去、单向作用的。因为，运动也可以改善我们肠道菌群的状况。要知道，宅男和运动员的肠道菌群存在着十分明显的差异。因此，让我们一同了解一下最前沿的医学研究，分析益生菌能否让您在田径场上、自行车道上、游泳池中或者健身房里脱颖而出，或者只是简单地让您的日常生活变得更简单轻松。

肠道菌群是我们面对自由基时的保护者

通过前文，我们已经知道了肠道菌群具有对抗自由基侵害的作用。我们肠道菌群的多样性越明显，对抗自由基基团伤害的能力便越显著。要知道，这些基团在损害我们健康的同时，也会把那辆奔向衰老的汽车油门踩到底。这里要特别提醒我们的运动员朋友注意。虽然我们每天的新陈代谢都会产生自由基，但我们的生活方式对这一过程的影响也是十分显著的。运动显著加剧了这些污染物的形成。在这个过程中，氧气并不完全是无辜的。尽管我们都知道，生命离不开氧气，但不得不说，它确实可能有害。我这句话的根据来自氧气通过人体呼吸进入细胞之后的变化。那些被我们身体吸收的氧气绝大部分都用来维持我们正常代谢功能的运转，但仍有 3% 左右的氧气会被转化为自由基。当血液和组织中的攻击性基团（自由基）水平特别高时，就会出现氧化应激。这种氧化应激也会因炎症而增加。我们的机体可以少量利用这些充满了攻击性的物质，用以对抗病毒和细菌或者癌细胞。但仍有部分自由基选择踏上歧途，攻击健康细胞的细胞膜，破坏内部的遗传物质，进而阻碍正常的人体蛋白质合成，从而加速衰老。

在运动过程中，氧气消耗量增加，氧化应激水平增加。好在我们的身体对这一情况也有解决方案：如果我们经常锻炼且避免超负荷，我们不仅可以获得一副强健的筋骨，还可以增强昼夜抵抗自由基的保护机制。可以说，我们因此获得了更好的保护细胞免受损伤的能力。在这一过程中，肠道菌群发挥的作用功不可没。研究表明，那些拥有完善微生物群落的动物要比那些只具有单一菌群或者完全没有肠道细菌的动物更能抵御氧化应激的侵害。这一点在运动员身上也是成立的。意大利科学家为了分析肠道菌群和其宿主的抗氧化应激反应之间的联系，将 25 名运动员分成两组，一组作为对照组，只接受无效的安慰剂；另一组作为实验组，每天接受含有干酪乳杆菌和鼠李糖乳杆菌的膳食补充剂（每人每天 20 亿个细菌）。在为期 4 周的艰苦训练开始之前和结束之后，分别对两组实验人员的血液进行采样。结果同运动医学中的常识一致，即训练过程中人体的氧化应激水平会提升。因此我们可以认为，这一过程中机体产生了更多的自由基。但实验结果表明，服用益生菌的运动员们的抗氧化保护能力确实要高于对照组。研究人员就此认为，益生菌在自由基对身体造成损害之前中和了它们。显而易见，运动员和那些暴露于高水平氧化应激的人，都有机会受益于益生菌对他们身体的保护。由于自由基也是重要的衰老加速剂，因此我建议，如果您想长期拥有光滑的皮肤和充满弹性的血管，您也可以根据情况选择一些适当的乳酸杆菌属的膳食补充剂，这也许对您大有裨益。

肠道菌群爱运动

由科克大学的弗格斯·沙纳汉（Fergus Shanahan）领导的爱尔兰研究小组调查了 40 名职业橄榄球运动员的肠道菌群构成，并将其与 46 名普通人的肠道菌群进行比较。为了确保实验的严谨性，研究人员要求，在实验过程中，两组人每天都必须记录下他们吃下去的东西。令人惊讶的是，结果显示：运动员的肠道菌群明显比他们的对照组更加多样化，那些超重的普通人的肠道细菌多样性最差。此外，橄榄球运动员的肠道中，有丰富的嗜黏蛋白阿克曼菌。这些细菌可以预防炎症、肥胖和糖尿病，调节免疫系统并稳定肠屏障。尽管运动员们的每日膳食更加多样化，但爱尔兰的科学家们仍确信，运动是对我们微生物群落产生积极影响的重要因素。

因此，我们可以说，我们的肠道细菌也在关心着我们是宅在家中还是挥汗如雨。

但如果您觉得"只是为了一个健康的肠道菌群，就得去和一群壮汉为了一个小皮球你推我搡"而连连摇头的话，我可以向您保证，哪怕只是一点点日常运动，哪怕只是定期的快步走，也会让我们的肠道菌群感激不尽。研究人员选择了 32 名成年人作为他们的研究对象，这些人有一个共同的特点，那就是他们在工作时都必须久坐。32 人中，有 14 人明显超重，18 人身体指标正常。他们所有人都在研究人员的指导下完成了 6 周的耐力训练，并被要求在每周至少抽出 3 天时间锻炼 30~60 分钟。实验期间，研究人员没有改变受试人员的每日膳食，并在 6 周的训练期前后分别采集了他们的粪便作为实验样本，不仅检查了他们肠道菌群的变化，还检查了他们的丁酸盐水平。如您所知，丁酸盐是肠道细菌的代谢产物，对我们的身心健康尤为重要。6 周实验结束后，研究人员要求，所有参与者都恢复他们之前久坐不动的生活习惯。

结果如下：经过 6 周的锻炼，所有受试者的肠道微生物群落的多样性均有增加。尤其是那些能大量产生丁酸盐的细菌，诸如普氏栖粪杆菌和罗氏菌，在锻炼后繁殖速度加快。与超重者相比，身体指标正常的受试者的积极变化更为明显。但当他们回到之前久坐不动的工作状态并停止耐力锻炼之后，那些对肠道微生物群落构成的有益影响也会随着时间的推移而不断减弱。这证明，为了永久保持一个健康的肠道生态环境，我们必须时刻牢记伏尔泰的那句名言——"生命在于运动"。

丁酸盐细菌：合法的兴奋剂

前文已经说过，以丁酸（丁酸盐）为代表的短链脂肪酸虽然不好闻，但对我们的身体非常重要。就在最近，加拿大科学家发现，它可能也和我们的运动能力息息相关。研究人员分析了不同运动水平的受试者粪便中的微生物群落构成，尤其是那些丁酸盐生产菌的数量。研究人员发现，运动水平更高的人在拥有更多样化的肠道微生物群落的同时，还有更多种类和数量的丁酸盐生产菌。在这项研究中，运动科学家可以确定的是，我们运动成绩同我们的肠道菌群至少有 20% 的相关性。考虑到很多类型的运动往往会在几秒钟或者几分钟之内决出胜负，倘若我们合理利用肠道菌群的话，就会让我们的专业运动员训练更轻松，运动爱好者运动更快乐。甚至，我们还可以提出一个更加大胆的假设，专业运动员的成绩提升和保持的关键很有可能是其肠道菌群的健康状况。

良好的身体表现和多样化的肠道菌群息息相关，这一点不仅对青壮年重要，对老年人也是如此。设想，倘若因养老院的饮食单调而丧失肠道菌群的多样性，老年人也会失去健康并变得越来越虚弱。适度运动，促进丁酸盐生产菌的生产，也许可以被当作是健身成功的秘诀。

韦荣氏球菌，让我们跑得更远

有趣的是，合法的细菌兴奋剂不止一种。这一发现要归功于美国的科学家在分析波士顿马拉松参赛者坐过的椅子时的偶然发现。他们在赛前一周采集了第一批样本，在赛后一周采集了最后一批样本。令他们感到惊奇的是，只有在马拉松赛事后，他们才能在运动员的身上检测到大量的韦荣氏球菌属的细菌，而这类细菌在那些长期久坐的对照组人群中几乎无法检测到。同样的现象也出现在其他耐力赛运动员，比如超长跑运动员或者赛艇运动员的身上。为了确定这些细菌奇迹般的繁衍有无可能是过度劳累的结果，研究人员开始了动物实验。在实验室中，研究人员通过引诱，使得小白鼠不停地在跑轮上"挥洒汗水"，直至筋疲力尽。结果表明，那些感染了韦荣氏球菌的小白鼠的跑步时间明显更长，跑步距离平均增加了13%。

韦荣氏球菌是怎样做到这一点的呢？韦荣氏球菌不以果糖或者葡萄糖为食物，它们只代谢一种物质——乳酸。没错，您没有看错，就是乳酸。乳酸在肌肉运动中产生，经过血液循环被送至肠道。剧烈运动、长时间的耐力负荷和短时间的冲刺运动，都会使得体内的乳酸含量持续上升。简单来说，体内的乳酸含量越多，机体的运动便越困难。但对韦荣氏球菌来说，"乳酸乳酸，多多益善"。它们通过自己的身体，将乳酸代谢成丙酸，并获取能量。这里不得不提出另一种假说，也许丙酸才是耐力增强的重要因素。因为当研究人员给小鼠提供了大量丙酸盐后，受试对象的耐力也确有显著提升。

但总之，运动员和韦荣氏球菌有一种奇妙的"共生"关系：运动员肠道中较高的乳酸含量为韦荣氏球菌提供了充足的营养物质，而它又会将之转化为丙酸，从而提高运动员们的成绩。获得韦荣氏球菌的最好办法就是运动。我们可以认为，韦荣氏球菌种群的枝繁叶茂也可能是运动员训练效果的一部分。在无氧运动（比如那种让您喘不上来气的短距离冲刺）中，乳酸的产量会特别高。近年来，这种间歇性的短距离爆发式运动也开始受到运动爱好者们的追捧。因为越来越多的证据已经表明，这项运动要比慢悠悠地在林地里长跑更有益于我们的身体健康。这也许是韦荣氏球菌、高乳酸量和更好的运动技能之间关系的又一力证。所以，下次您去慢跑或者骑自行车时，不妨时不时地冲刺一段距离。

服用益生菌真的能提高身体机能吗？

根据我们前文提到的研究结果，健康的肠道菌群确实能为运动员提供决定性的优势。但这里又引出了另一个问题，服用益生菌也能提高身体机能吗？为了回答这一问题，不少运动医学专家和微生物学家也开始了研究。

植物乳杆菌有很多优良的特性，而其中一个特性就是可以将瘦小的老鼠变成"肌肉壮汉"。研究人员选择了小白鼠作为实验对象，实验周期为 6 个星期。在这段时间，小鼠们每日接受的植物乳杆菌剂量相当于人类每日接受 100 亿个。实验结果表明，这些细菌明显增强了它们爪子的力量。此外，小鼠的耐力显著增强，体重减轻的同时，体脂率有所下降，肌肉量也有明显提升。

令人兴奋的是，这些合法的"兴奋剂"产品不仅对小白鼠有作用，对人类运动员也大有帮助。如果运动员按需服用益生菌制剂，只需要几周的时间，他们的运动表现就会显著提高。其中包括能直接在几周内提升运动员运动水平的嗜热链球菌和短双歧杆菌，以及能显著降低运动员感染率的乳双歧杆菌和瑞士乳杆菌等。

即便是在最极端的体能测试条件下，那些服用了益生菌的运动员的表现也更好。研究人员让参与测试的耐力运动员在 35℃的田径跑道上奔跑，直到筋疲力尽，从而获得在未进行实验之前的各位运动员运动能力的平均值。然后，他们将水平相近的运动员们随机分组，第一组为对照组，服用安慰剂；第二组为实验组，接受益生菌。在4个星期正常的训练和生活后，运动员们在相同条件下进行第二次测试。对照组运动员的平均认输时间为33分钟，而那些被益生菌赋能的运动员，平均比前者多了近5分钟（37分44秒）。我想，任何一个受过专业运动训练的人都能明白，这5分钟的提升具有何其重大的意义，更不用说这种提升所花费的时间只有短短4个星期。

为什么运动员应该服用益生菌?

--- ● ---

1. 为了更好地避免受到自由基的侵害;

2. 为了增强免疫系统,降低各种传染病的感染风险;

3. 可以显著提升运动能力;

4. 有利于训练后恢复;

5. 可以控制压力激素的释放。

微生物保健贴士

经研究证明，以下细菌可以显著提升您的运动能力：

鼠李糖乳杆菌、干酪乳杆菌、植物乳杆菌、发酵乳杆菌、嗜酸乳杆菌、乳双歧杆菌、瑞士乳杆菌、短双歧杆菌、两歧双歧杆菌、嗜热链球菌。

肚子里的化妆品工厂

肠道似乎生来就与"性感"二字无缘，但是它确实能帮助我们看起来更年轻、更有魅力。因为肠道菌群的管辖范围远远超过了我们肚皮里的"一亩三分地"。它有一套以激素、信使物质和维生素等手段协同作用的长臂管辖机制，甚至能影响到我们的皮肤和头发。

玻尿酸、酰胺、乳酸、抗氧化剂和紫外线防护因子早已成为化妆品产业的支柱。这些物质有的可以用来延缓皮肤衰老，有的可以抚平皱纹，有的可以让皮肤白皙光泽有弹性。然而，我们的肠道也可以产出这些能让我们保持姣好面容的"灵丹妙药"。肠道中的各种微生物生活在不同的地方，每一种都有自己深耕的特殊领域。在韩国的一项研究中，受试者被分成两组，分别作为实验组和对照组，服用含有植物乳杆菌的膳食补充剂或安慰剂。我认为，他们的实验结果一定会让那些年逾不惑的人感到高兴：只需服用这种益生菌，就能显著改善皮肤的水分供给，使皮肤弹性增强 20% 以上。最令人惊讶的是：在测试开始 12 星期后，实验组人员的皮肤皱纹明显减少，而对照组人员的皮肤状况却没有什么改变。

益生菌，对抗皮肤病的法宝

但益生菌的潜力难道就仅仅止步于此了吗？

皮肤敏感、过敏一直是皮肤科医生和化妆品制造商们难以攻克的堡垒。在德国，差不多每三个成年人中就有一个被这种疾病困扰。然而，根据一项由法国和瑞士的研究人员联合开展的研究活动所示，病患们经过 2 个月的副干酪乳杆菌治疗之后，他们的皮肤不仅不再紧绷和发痒，当科学家们将一种含有辣椒成分的常见风湿病软膏涂抹在他们皮肤上时，他们的皮肤也几乎没有出现受到刺激的反应。要知道，这种药膏哪怕涂抹在正常人的脸上都有可能引起十分剧烈的反应。

鉴于现代人的生活环境，为了避免我们的皮肤免受自由基的不断侵扰，各大化妆品制造商将抗氧化剂看成了自己立足于行业的秘密武器。这使得人们几乎就要忘记一件事情，即抗氧化需要"外力"，同时也需要"内力"。我们也许能证明，那些面容姣好、频繁出没于高端社交场合的柏林贵妇相比那些没有好好照顾自己皮肤的女性，有更高水平的血液抗氧化剂含量，但直到目前为止，似乎还没有人考虑到肠道菌群在一直默默地为我们的身体开展抗氧化这一伟大事业，哪怕它们的功绩不容小觑。前文已然讨论过，志愿者、竞技运动员和皮肤过敏患者通过服用诸如干酪乳杆菌、鼠李糖乳杆菌或发酵乳杆菌等益生菌，进而提升自己的血液或皮肤的抗氧化能力的例子。其实，我们还有更多、更显著的例子。细菌可以将鲜奶（包含植物奶和动物奶）发酵为酸奶，这些发酵产品内部的抗氧化保护物质的含量，也往往高于其初始产品。

如果肠道的生态平衡能得以保持，我们甚至可以让皮肤免受太阳光中的紫外线的伤害。研究人员将小白鼠暴露在紫外线环境中，将其分为两组，第一组为对照组，除正常食物外只提供安慰剂；第二组为实验组，除正常食物外还提供特定剂量的特定细菌。实验结果表明，那些被喂食了特定细菌的小鼠，体内所产生的胶原蛋白降解酶和自由基水平明显低于被喂食安慰剂的小鼠。特别有趣的是：虽说两组小鼠都被放置在"小白鼠美黑室"之中，但饲料中含有短双歧杆菌或植物乳杆菌的小鼠的皱纹显然更少。人类受试者身上也有同样的现象。可以说，正是因为细菌的保护，机体降低了对紫外光的敏感性，保证了自己更好更快地再生。

大量的研究让一个结论呼之欲出：就保持美丽面容而言，照顾好我们的肠道细菌和直接照顾我们的皮肤一样重要。若您想了解更多关于皮肤健康与体内微生物之间的联系，请翻看我的另一本书——《美丽与肠道》。

为了皮肤健康的呐喊

肥皂、洗发水、乳液——如果我们把这些在我们日常生活中司空见惯的日化用品放到人类进化的长河中来看，实际上是一类全新的东西。在我们人类的漫长进化过程中，这些"从头到脚都能发挥重要作用的日化用品"实际上并没有多大作用。究其原因，我们可以这样说，我们的皮肤根本就不是为了长期接触肥皂泡沫和热水而生的。不论是在狩猎采集时代，还是在地主和骑士老爷四处横行的中世纪，都没有人像我们当代人一般重视个人卫生。甚至直到 100 年前，许多家庭甚至还没有自己的浴室。但一场革命的发生使得这一切都改变了。

如今，我们每年需要花费 130 亿欧元去购买那些能对我们的毛发或者是皮肤产生某种积极作用的产品。这使得消毒除臭剂、泡沫洗发水和香喷喷的面霜早已成为日常生活的重要组成部分，可那些长期定居在我们皮肤表面的数十亿"原住民"却完全被我们忽略了。而我们忽略它们的原因可能仅仅是我们看不见。

但不得不指出的是，这些小家伙就像我们的肠道菌群一样重要。健康的皮肤菌群可以保护我们免受各种皮肤疾病的侵害，稳定产生酸性物质，防止有害细菌的进入，增强皮肤屏障，并防止过早出现皱纹。

但是，究竟什么细菌可以附着在我们的皮肤上呢？

这在很大程度上取决于我们清洗和护理自己的频率与程度，还取决于我们皮肤自己的需求。根据相关专家的研究和估计，在淋浴时，我们会洗掉皮肤上三分之一的细菌，也会影响我们皮肤表面的酸性保护层。尽管那些隐藏在毛囊和皮肤褶皱中的细菌可以在几小时之内重新生成新的细菌保护屏障，但如果我们长期保持每天使用两次含有表面活性剂的产品的话，皮肤屏障可能会受到很大影响。

紊乱的微生物环境和过敏的皮肤

2020 年的春天，一场始料未及的新冠疫情风暴席卷全球。它不但使得全球经济陷入瘫痪和困境，还深刻影响了我们的皮肤菌群。因为疫情的扩散，口罩和具有消毒功能的洗手液成为许多人日常生活中不可缺少的东西。同样因为疫情的扩散，接吻和拥抱似乎也变得遥不可及。在全球人民保持社交距离的共识下，微生物们的社交距离也被放大了。但我们不得不指出，这些措施确实会对我们体内外，尤其是皮肤上的微生物群落造成不好的影响。毕竟"子弹不长眼"——那些能杀死冠状病毒的消毒剂对有益的细菌同样毫不留情。

基于此，我认为在未来几年，皮肤病的患病率将极大提升。我想诸位读者在前文中就已经了解到神经性皮炎、银屑病、痤疮和玫瑰痤疮（酒糟鼻）等皮肤病的发作会对我们人体的肠道菌群和皮肤菌群产生不良的影响。对此，我本人也进行了研究。

痤疮是一种十分常见的皮肤病，在痤疮发病区域也往往能检测到大量细菌。这些细菌喜欢生活在身体内外的油性区域，它们的代谢产物往往也是炎症的根源。在针对13000名痤疮患者进行调查后，可以发现绝大多数病患也伴有肠道问题，在超过一半的痤疮患者身上发现了肠道菌群的紊乱。这使得他们在调查中不止一次地抱怨自己的便秘、胀气、口臭和胃灼热。我认为，最重要的原因是，这些病患的体内缺乏乳酸杆菌和双歧杆菌。

首先以玫瑰痤疮为例：我们在病患的皮肤表面上发现了能决定皮肤菌群构成的蠕形螨，在病患的消化道，尤其是小肠内只发现了很少的乳酸杆菌和双歧杆菌。在对病人进行检测后我们发现，他们很多人都得了SIBO综合征。SIBO综合征是一种非常容易检测出的疾病，内科医生只需采集患者呼出的气体，经过化验和培养就可确定患者是否患病。医学上，对 SIBO 综合征的定义是：小肠细菌过度生长或者异常定植导致的一种肠易激综合征，症状包括腹痛、腹胀、产气增多、腹泻、恶心、便秘等。对于这种疾病，我们需要内服抗生素，外用消毒药剂。

其次，我们对神经性皮炎患者的皮肤菌群也进行了采样，我们发现了一种名叫金黄色葡萄球菌的脓性细菌在皮肤上的定植，其定植数量和患者疾病的严重程度呈现正相关。换句话说，这些脓性细菌的数量越多，病患的神经性皮炎表现（如湿疹）就越严重。依照惯例，医生会建议患者采取诸如服用抗生素或使用消毒浴液等手段去控制葡萄球菌的繁殖。但我们需要注意的是，这些手段也会损害我们正常的皮肤菌群，因而这只是一种"头痛医头，脚痛医脚"的治标不治本的权宜之计。因此，寻找加强皮肤微生物群落和自然消除葡萄球菌的方法也就成为我研究中的一个重要组成部分。我以一种富含多种益生菌混合物的沐浴液作为实验的关键变量。目前的实验结果不可谓不成功：患者通过使用富含活性益生菌的沐浴液进行皮肤治疗之后，几乎所有人的皮肤状况都在几次沐浴后获得了明显改善，相当一部分病患在几乎没有任何不良反应的情况下，神经性皮炎细菌的数量大为减少，有的甚至减少了 90% 以上。同时，所有病患的皮肤微生物群落的多样性也有所改善。有趣的是，有一部分患者报告说，他们将少量沐浴液用水稀释后涂抹在了痤疮上，很快痤疮便自行消退。

含有益生菌的护肤品—— 一个不错的选择

我认为，在席卷全球的新冠疫情结束之后，我们应当去弥补社交距离增大导致的皮肤菌群多样性的下降。为此，我想到了一种全新且有广阔前景的皮肤护理方法，即益生菌皮肤护理。这一方法有赖于一种利用细菌力量的全新护肤产品。它们内部将含有益生菌或者能使其保持活性的其他物质，如益生元；又或者含有相关益生菌的代谢产物，比如乳酸。

这些成分可以使皮肤再生并消灭有害细菌，同时使得皮肤的pH值稳定在弱酸范围内，这可以缓解皮肤疾病，控制炎症，延缓皮肤老化。我认为，益生菌护肤品可以为健康的微生物群落提供合适的生存和繁殖土壤。

对症下药

皮肤问题	皮肤菌群的变化和治疗方案	肠道菌群的变化和治疗方案
痤疮	痤疮丙酸杆菌↑↑ 治疗方案: 益生菌化妆品,益生菌粉、益生菌膏(活性益生菌皮肤护理)。有时抗生素治疗或其他药物治疗对于预防疤痕是必要的	肠道菌群失衡,肠胃不适 治疗方案: 干酪乳杆菌、罗伊氏乳杆菌、植物乳杆菌、唾液乳杆菌、嗜热链球菌、抗性淀粉、阿拉伯胶、果胶
神经性皮炎	金黄色葡萄球菌↑↑ 微生物多样性↓↓ 治疗方案: 益生菌化妆品,益生菌浴,可以使用 AktivaDerm ND 牌相关产品	肠道内缺乏乳酸杆菌、双歧杆菌、肠球菌、普氏栖粪杆菌、嗜黏蛋白阿克曼菌,大肠杆菌和葡萄球菌过多 治疗方案: 鼠李糖乳杆菌、植物乳杆菌、乳双歧杆菌、抗性淀粉
寻常型银屑病(牛皮癣)	棒状杆菌↑↑ 丙酸杆菌↑↑ 链球菌↑↑ 葡萄球菌↑↑	肠道内缺乏嗜黏蛋白阿克曼菌、粪球菌 治疗方案: 婴儿双歧杆菌、乳酸杆菌、抗性淀粉

续表

皮肤问题	皮肤菌群的变化和治疗方案	肠道菌群的变化和治疗方案
玫瑰痤疮（酒糟鼻）	蠕形螨 ↑↑ 治疗方案： 局部抗生素治疗，例如用甲硝唑凝胶	SIBO 综合征 治疗方案： 通过呼气试验检查是否有异常定植，如果检测到，则可服用抗生素（例如利福昔明）；补充干酪乳杆菌，副干酪乳杆菌、双歧杆菌、唾液乳杆菌，用于建构良好的肠道菌群
↑↑ = 太多 ↓↓ = 太少		

第 **4** 章

浓稠、甜美和油腻
——肠道菌群和新陈代谢

致命的新陈代谢四重奏

饥荒，对我们这些生活在发达商品社会中的人来说似乎已经是一个遥远的历史名词了。得益于快餐店、外卖和自动售货机的存在，哪怕超市关了门，我们还是能得到全天候的食物供给，还是可以一刻不停地往嘴里塞东西。但我们机体的新陈代谢可受不了我们这么做。数十万年的艰苦斗争逼迫着它，使它不得不充分利用每一口食物的热量。只是近 70 年来，这一项技能似乎显得多余了。但我们仍然要指出，70 年的好日子在漫漫进化史上不过是弹指一挥间。我们机体的新陈代谢仍停留在你死我活、刀耕火种的年代。我们不能奢求，它能在如此短的一刹那就适应这个物质无比丰富的新世纪。

当新陈代谢因为脂肪和碳水化合物而减慢，各类疾病也就纷至沓来了。根据 2018 年德国的糖尿病健康报告，现在平均每十个人中，就有一个糖尿病病患；每两个人中，就有一个超重；每五个人中，就有一个胆固醇水平高。高血糖、高血脂、高血压和肥胖的致命四重奏被称为"代谢综合征"。而代谢综合征被认为是心脑血管疾病的罪魁祸首。

我想，如何预防心脑血管疾病的箴言，您可能已经听了一千遍、一万遍了。但无奈的是，我在此还是不得不再为您重复一遍：减肥、运动、均衡饮食、保持好心情。不幸的是，这些事情真是说起来容易，做起来难哪！

究其根本很简单——现代久坐不动的生活方式和高热量的饮食习惯可太符合我们进化论先祖的愿望了。但不可否认的是，他们在那个年代的愿望成为我们这个时代许多疾病的诱因。有可能，一个颇具前瞻性的微生物疗法能为我们提供对抗"致命四重奏"的希望。也许，现在的我们还不能称之为希望，但好在我们已经有了希望的起点。因为，不论是从肠道菌群的正面作用还是从负面作用来讲，它都是我们利用食物的重要一环。因此，才会有越来越多的研究人员将肠道菌群的生态失衡当成是疾病发生的一个重要原因或者至少是部分原因。而我们也可以从他们的研究中发现预防心脑血管疾病、糖尿病、过度肥胖或者高胆固醇的秘籍。

哪怕它谈不上秘籍，起码也是个良好且实用的起点。这些知识对
每一个有疾病遗传家族史、有相关疾病危险因素或者已经患病的
人而言都十分重要。

肠道菌群，脂肪仓库的钥匙

在 2005 年前后，人们才开始怀疑，体重上升的因素很可能
不只是吃得多动得少。根据美国调查人员的研究，肠道无菌的小
鼠往往要比正常小鼠更瘦，体脂更低。但如果研究人员给无菌的
小鼠肠道内定植正常小鼠的肠道菌群，他们的体脂水平和血糖水
平就会上升。但重点是，在这个过程中，小鼠并没有吃得更多，
事实上，它们吃得更少了。

这些事情是不是听起来很熟悉？毕竟，同样的事情不单单发
生在老鼠的身上。开玩笑地说，我们中有些人"喝凉水都发胖"。
他们总是不停地说，自己和其他人相比并没有吃得很多。过去我
们总是把他们的话当成是某种缺乏自控力的蹩脚借口。但根据目
前的人类微生物群落研究的结果，人的肥胖很有可能是肠道菌群
的改变引起的。

由圣路易斯华盛顿大学的生物学家杰弗里·戈登（Jeffrey

Gordon）领导的实验小组在实验中证明了，一个人是否是易胖体质，在相当程度上取决于他的肠道菌群。不论是在肥胖和瘦弱的小鼠中，还是在肥胖和苗条的人类中，不同体质人群的肠道菌群差异都是显而易见的。在肥胖人群的体内，研究人员观测到拟杆菌和厚壁菌的比例变得不平衡。他们认为，微生物群落的构成比例决定了我们对食物利用得充分与否，进而决定我们从食物中摄取多少热量和营养，而那些多余出来的营养就会被送到肝脏，最终被转化为脂肪，然后再囤积在肚腩上、大腿上和屁股上。

现在，学界普遍将肠道菌群视为能量产生、新陈代谢和脂肪形成的重要节点，其中最关键的细菌是厚壁菌门下的细菌。这些细菌能从许多实际上很难被人体消化的食物成分中吸收大量能量。厚壁菌门细菌数量增加，小肠黏膜就能吸收更多的碳水化合物。这些能量首先会被输送给机体，接着便被输送到臀部。通常来说，这些细菌的数量每增加 20%，人体吸收能量的效率就会增加 10%。这个数字听起来并不是很大，但日积月累一年之后，由其增加所带来的额外体重就可达 8 千克！同时，随着我们人体体重的增加，消化道中的细菌多样性也会呈现下降趋势。我们现在已经知道的是，超重人群的体内微生物群落可以通过产生更多的酶去分解更多难以被消化的多糖，从而"帮助"我们从少量食物中获取大量能量。诚然，在饥荒年代，这一技能是一个人所必需的明显生存优势。但在如今的环境下，我们也不得不"过河拆桥"。您可以在本书的第 244 页和第 248 页了解到增加体内拟杆菌门细菌、减少体内厚壁菌门细菌的办法。

肥胖是可以"移植"的

一般来说，一个人越肥胖其体内微生物群落的多样性就越差，那些能促进人体健康的细菌的种群和数量就越少。许多肥胖人士的肠道中缺少必要的双歧杆菌，也缺少能使肠黏膜再生的嗜黏蛋白阿克曼菌。最近的科学研究已经证明了嗜黏蛋白阿克曼菌与体重高低、体脂含量、糖尿病患病概率以及代谢综合征风险之间的联系。

在一项针对肥胖问题的研究中，研究人员召集了 40 名患有高血压、高血脂、糖尿病和过度肥胖的志愿者，他们为一部分志愿者们准备了已经失活的嗜黏蛋白阿克曼菌作为膳食补充，并定期检查志愿者体内的嗜黏蛋白阿克曼菌活性。在 3 个月后，那些摄入了失活嗜黏蛋白阿克曼菌的志愿者身体状况出现了非常明显的改善：他们的体重平均下降了 2.3 千克，胆固醇水平平均下降了 9%，血糖水平降低了 1/3。但不幸的是，就目前而言，尚未有仍具备活性的嗜黏蛋白阿克曼菌膳食补充剂。迄今为止，嗜黏蛋白阿克曼菌只能在某些特定实验室中进行培养和研究。但即便如此，我还是要指出，这种重要的细菌会间接受到我们生活方式，尤其是我们饮食习惯的影响。比利时科学家帕特里斯·卡尼（Patrice Cani）已经证明了，高脂肪的饮食习惯可以让这种保护性的细菌数量最多下降至正常水准的1%。在本书第243页，您可以了解更多关于嗜黏蛋白阿克曼菌的信息。

现在我们面对的就是一个"先有鸡，还是先有蛋"的问题了：肥胖人群有和正常人不一样的肠道菌群，到底是导致他们肥胖的饮食习惯（比如经常食用快餐和甜品）造成了肠道菌群的改变，还是肠道菌群的改变造成了肥胖？

科学家们选择通过"肠道菌群移植法"来一探究竟。所谓肠道菌群移植法就是将肥胖小鼠的粪便菌群移植给正常体重的小鼠。科学家们观测到，那些被移植了细菌的小鼠，在接受和之前同样频率、同样种类、同量饲料的饲喂后在短期内出现了明显的体重增加。为了排除遗传因素的影响，科学家们还找来两类体形完全不同的双胞胎小鼠作为实验样本，其中包含肥胖双胞胎小鼠一对，正常体形双胞胎小鼠两对。他们将肥胖双胞胎的肠道菌群移植给了另一对小鼠。正如我们所预期的那样，在保证饲喂因素不变的前提下，两只小鼠仍出现了快速的体重增加，而在饮食方面和它们完全一致的对照组则仍然保持之前的体重。

灰质细胞会迫使我们进食

我们常说"口腹之欲"，然而口腹之欲并不只是产生于口腹之中，想必大家都体会过"眼馋肚子饱"的感觉，我们的大脑在这个过程中也扮演了重要角色。我们体内的微生物群落也可通过肠—脑机制影响我们的食欲，进而控制我们的体重。前文已经提到过，肠道菌群的代谢产物对神经系统饥饿感的产生具有相当的控制作用，短链脂肪酸属下的丁酸盐和丙酸盐都是十分重要的食欲抑制剂，因为它们能促进饱腹感激素——瘦素的产生。此外，它们还能"浇灭"炎症的火焰。根据目前相关研究者已知的信息，慢性炎症、肥胖二者同代谢混乱之间的关系密不可分。英国的一项研究表明，一定量的丁酸盐和丙酸盐可以减少人体热量的摄入，从长远看有利于人们保持体形。但别忘了，这些东西的主力制造商是我们的肠道菌群。因此，为了获得它们的帮助，为它们提供足够的食物来生产这些短链脂肪酸是十分必要的。而其中最最重要的就是，我们每日要摄取足够多的植物性膳食纤维来刺激饱腹感信使物质的产生和脂肪酸的形成。理想状态下，每人每天需要摄入至少 30 克的植物性膳食纤维。但冰冷的事实却是，我们中的绝大多数，每日摄入量只是这个标准的三分之二，甚至二分之一。

肠道菌群符合溜溜球效应吗？

所谓溜溜球效应就是指由于反复节食，体重起起落落。不难想象，有多少比基尼女孩儿倒在了这条没有尽头的减肥之路上。但根据以色列雷霍沃特的维茨曼科学研究所最近的研究，肠道菌群对减肥的作用不可小觑。科学家们先给那些容易肥胖的小鼠喂食高热量、高脂肪的食物，接着再给它们提供一段时间的低热量饮食，然后再回到高热量、高脂肪食物。这个过程是不是听起来很熟悉？没错！这不正是我们绝大部分"减肥人"最常见的减肥经历吗？

老鼠身上很快就出现了典型的溜溜球效应：在反复节食之后，它们的体重很快就又增加了。多年来，新陈代谢的变化一直被认为是"体重过山车"的罪魁祸首。但经过广泛的实验研究之后，新陈代谢的因素可以被排除了。尽管之前肥胖的小白鼠在节食之后很快就能瘦下来，但对小鼠的粪便检测显示，它们的肠道菌群仍旧是混乱的。一旦小鼠再吃到那些高热量、高脂肪的谷物，它们体内的"小小志愿者们"又会帮它们从食物中吸收大量的热量，并将之传递给机体。科学家们也发现，至少需要5~6个月的健康、均衡、有营养的饮食才能让肠道菌群转化为瘦身模式。

而"体重过山车"甚至可以在肠道细菌的帮助下在不同小鼠

之间传播。如果通过粪便感染法给那些"苗条"的小鼠定植肥胖小鼠的肠道菌群，那么可怕的溜溜球效应也会出现在它们的身上，即便它们在那之前完全没有经历过间断性节食。

肥胖的激增是否和滥用抗生素有关?

科学家们现在已经在分析西方社会普遍的肥胖是否和抗生素的滥用有关。原则上说，抗生素确实是人类医学的福音。自 1942 年医生们利用抗生素治好了第一个患者以来，这类药物已然拯救了上百万人的生命，治愈了数不胜数的疾病。但仍需指出，它们也可能引起肠道世界的天翻地覆。因为我们人类现在已经不光用这些药物去治疗那些能危及我们生命的疾病了，抗生素类药物现在也被广泛应用在各种诸如头疼脑热的小病上。就德国一国而言，现在每年医生们开出的抗生素差不多有 4000 万包。这听起来很多，但将视角扩大到欧盟就会发现，德国只排在倒数位置。据估计，平均每三剂抗生素中，就有一剂是多余的。而现在，我们不得不面对抗生素滥用带来的抗药性问题了。

然而，除了抗药性之外的问题却很少受到公众的关注。首先，绝大部分抗生素是一种不分敌我的药物。一方面它确实可以杀死病原体，但另一方面它也不会对我们的益生菌手下留情。这对我们的身体健康并非没有影响。

最近几十年来，抗生素甚至被广泛应用到欧盟畜牧业。因为人们发现，使用抗生素干扰正常动物的肠道菌群之后，动物会更快更好地吸收饲料营养，从而提高饲料利用率，加快火鸡、鸡、猪等动物的出栏速度，为养殖场节约资金。然而现在已经有数十项研究证明，抗生素的滥用确实会提高牲畜出栏速度不假，但还会使得人类婴幼儿的智力水平下降，而且在婴幼儿阶段多次接受抗生素治疗的儿童到了学龄阶段会更容易发胖。儿童时期的抗生素滥用极有可能和成年后代谢综合征的发展有密切关系。对成年人来说，抗生素的作用同样不可小觑。一般来说，那些在细菌培养皿中杀伤能力越强的抗生素，对人类体重、新陈代谢和其他指标参数的影响就越大。在一项研究中，研究者们征集了 48 名患有心内膜炎的病患作为志愿者，他们在治疗过程中不得不定期接受长达数周的抗生素治疗。此外，研究者们还选择了 48 名疑似患病但并未确诊的志愿者作为实验的对照组，因为他们无须接受抗生素治疗。在为期一年的跟踪调查以后，对照组中只有一名志愿者的 BMI 指数增加了 10% 以上；然而，在治疗组中，有超过三分之一的人，也就是 17 人出现了体重上涨。如果您将关注点放在不同抗生素上的话，这一差异就会更加明显。万古霉素、庆大霉素对微生物的杀伤能力远远高于阿司匹林。如果受试者长期服用这一类杀伤能力更强的抗生素的话，体重的增加幅度甚至可以超过 60%；而如果使用杀伤力不太强的抗生素药物，体重增加则可以被控制在 20% 上下。要知道，我所提到的不过是针对抗生素滥用副作用的数百项研究中的冰山一角。

不要给代谢综合征机会

如果肠道中的增肥细菌已经占领了高地，我们又能做些什么呢？

我们必须引导我们的肠道菌群朝着更有利于我们健康的方向发展。

这需要养成正确的饮食习惯（详见本书第 211 页），以及有针对性地适当服用富含益生菌的膳食补充剂。双管齐下，不论是对我们的减肥大业还是对构建良好新陈代谢都大有裨益。但值得注意的是，并非每一种益生菌都能帮助我们减轻体重。原因在于，我们所追求的效果往往是具有菌株特异性的。这意味着，只有乳酸杆菌和双歧杆菌中的少数菌种才可以抵抗代谢综合征，倘若摄入了其他细菌反而会导致体重显著增加。因此，当您在选择益生菌补充剂时，请务必查看成分列表。特别需要注意的是，乳酸菌属下的嗜酸乳杆菌在人体实验中可以导致显著的体重增加。因此，这类细菌用于动物育肥并非无稽之谈。

微生物保健贴士 ⚙

以下细菌可以帮助您减肥：

加氏乳杆菌、发酵乳杆菌、植物乳杆菌、鼠李糖乳杆菌、副干酪乳杆菌、动物双歧杆菌乳亚种、乳酸菌、长双歧杆菌、青春双歧杆菌。

以下细菌可能导致您发胖：

嗜酸乳杆菌、罗伊氏乳杆菌；在动物实验中，发酵乳杆菌和果囊乳杆菌也可能导致体重增加。

胆固醇，一种声名狼藉的脂肪

胆固醇是一种类似脂肪的物质，因为它可以阻塞动脉从而导致心脏病发作和中风，所以声名狼藉。但是人们经常忽视一点：合理的血脂水平其实对我们的机体十分重要。

所有细胞膜的形成都需要胆固醇。它是机体许多重要激素生产的关键参与者，比如雌激素、睾酮素、皮质醇和激素样维生素D。当人体缺乏胆固醇的时候，大脑中的许多新陈代谢过程都会停止。这种脂肪是我们胆汁酸的重要组成部分，它也是我们消化脂肪过程中的重要参与者。此外，我们没必要谈"胆固醇"而色变。因为，区分胆固醇是"好"还是"坏"并没有任何实际意义。我们只能说，高脂质胆固醇在血管中的含量如果超过了某个阈值，对人体是有害的，因为在这种情况下它们沉积的风险更高。这里尤指 VLDL 和 LDL 胆固醇。另外，那些低脂质胆固醇则是有益的。这其中包括了高密度脂蛋白胆固醇，它可以使得我们的血管免受钙化。

我们的身体为了正常运转，每日大概需要 0.5~1 克的胆固醇。好在，这类非常重要的物质并不需要特定的外部补充，因为我们的体细胞，尤其是肝脏细胞至少可为我们提供每日所需的四分之三的量。这意味着，我们只需要从日常饮食中补充那剩下的不到四分之一的量。因此，我们盘子中的食物对我们体内胆固醇含量的影响只能说十分有限。因为血脂水平的上升与否可以说在相当程度上取决于我们的基因、肝脏细胞的胆固醇生产能力，以及肠道菌群。

益生菌可以清除胆固醇

我们的肠道细菌能保证我们的机体保持较低的血脂水平，还能让我们的血管始终充满弹性。在近期的几项研究中，研究人员发现通过施用某些益生菌，比如双歧杆菌和乳酸菌，可以降低我们体内各种血脂的水平，包括高、低脂质胆固醇以及甘油三酯等其他血脂。研究人员为了确保实验的严谨性，还为对照组的志愿者准备了安慰剂，在他们身上并未发现血脂水平下降的迹象。西班牙的研究人员也给60名胆固醇水平不同的成年志愿者分别提供了益生菌和安慰剂。在12周后，每天服用乳酸菌、植物杆菌的志愿者体内的高脂质胆固醇含量出现了明显的下降。但与大多数治疗高血脂的药物不同的是，益生菌在某种程度上似乎可以和人体一起"思考"：在实验刚开始时，志愿者体内的血脂水平越高，益生菌的降血脂功能就越明显。

通过胆汁酸，我们每天都会将胆固醇释放到肠道之中。通常情况下，胆汁酸在肠道中被进一步吸收，胆固醇随之返回体内。但某些益生菌可以打破这个循环。它们会改变胆汁酸，使其无法被完全重新吸收进体内。而为了形成新的胆汁酸，我们的身体就不得不调用血液中的胆固醇，由此导致胆固醇水平下降。

有益生菌支持的健康的肠道菌群也可以调节肝脏中的胆固醇代谢。某些细菌，比如乳酸菌可以降低干细胞中用以合成胆固醇的酶的活性。除此之外，我还带来了更多好消息，比如许多益生菌制剂可以和一些他汀类降血脂药物产生协同作用。

益生菌通过不同的机制
影响胆固醇水平，比如：

– – – ● – – –

* 减少肠道对胆汁酸的重吸收，降低胆固醇。

* 减少肝脏中胆固醇的形成。

* 吸附膳食胆固醇。

微生物保健贴士 ⚙

研究表明，这些益生菌对血脂水平有益：

乳双歧杆菌、短双歧杆菌、长双歧杆菌、植物乳杆菌、鼠李糖乳杆菌、乳酸乳球菌、罗伊氏乳杆菌。

肠道细菌引起的糖尿病

血液中过多的糖分会加速机体的衰老过程，而高血糖也是新陈代谢的"致命四重奏"之一。正是因为肠道细菌同食物的利用和吸收密切相关，所以它们对碳水化合物及糖的代谢也有很强的影响。目前，已经有许多研究表明，糖尿病患者和正常人体内的微生物群落存在明显差异。通常来说，糖尿病和肥胖是并存的。因此，在这两种疾病中，发现患者的肠道菌群具有高度相似性是十分正常且合乎逻辑的。如果将健康人的肠道菌群同糖尿病患者的进行比较，可以发现后者肠道中的拟杆菌数量只有正常人的一半；与此同时，厚壁菌门的细菌的数量却显著增加。除此之外，糖尿病患者往往也缺乏双歧杆菌、乳酸杆菌和普氏栖粪杆菌，他们体内那些能产生重要短链脂肪酸的细菌数量相对正常人而言也往往偏少。

正如前文所说，丁酸盐对机体而言是一种十分重要的物质。这类物质生产者的缺乏可能严重影响人体对糖的利用和代谢。除此之外，还会导致肠屏障更具渗透性，从而促进炎症发作和肝功能代谢紊乱。

在一项研究中，研究人员通过"肠道菌群移植法"将正常、健康的人的肠道微生物群移植到那些长期患有糖尿病的患者体内。前文已经提到过，肠道菌群移植法的核心是粪便。这听起来很恶心，实则很有效。当患者体内有了新的微生物群落以后，他的身体代谢情况迅速得到改善，在很短的时间内就能更好地利用糖分了。

但不一定非要植入别人的粪便才能改善糖尿病患者的代谢状况，在益生菌的帮助下也可以取得很好的效果。如果给超重的糖尿病小鼠服用益生菌，就会对它们的糖代谢产生影响。双歧杆菌，尤其是动物双歧杆菌，以及某些乳酸菌，如乳酸乳球菌，可以降低血糖水平，改善对降血糖激素胰岛素的反应并减少炎症。除此之外，那些专门针对短链脂肪酸缺失的药物也会对糖尿病代谢状况产生积极的影响。

在人体实验中，服用益生菌仅 4 周后，测出的空腹血糖值和长期值（HbA1c）就会显著变好。细胞的胰岛素敏感性、细胞对糖的利用、机体的胰岛素水平和炎症值也因微生物疗法产生了积极反应。但任何糖尿病患者都不应该依赖外部的益生菌补充。只有保持富含益生元纤维的肠道友好型饮食才能使有益的细菌永久留在肠道中。

微生物保健贴士 {⚙}

研究表明，这些益生菌对糖尿病患者有益：

鼠李糖乳杆菌、植物乳杆菌、干酪乳杆菌、嗜酸乳杆菌、乳酸乳球菌、乳双歧杆菌、两歧双歧杆菌、动物双歧杆菌、婴儿双歧杆菌、短双歧杆菌、青春双歧杆菌。

甜味剂，它可不像名字那般甜美

几乎所有高血糖病患和想减肥的人都喜欢甜味剂。毕竟，食品商的承诺也太诱人了：甜甜的苏打水喝下后却不会给身体增加哪怕一丁点热量，或者香醇甜美的咖啡中不含蔗糖。但要注意：为了您的肠道细菌和您的身材，您应该避免摄入阿斯巴甜、三氯蔗糖、木糖醇等代糖。美国华盛顿的国立卫生研究院发现，甜味剂可能导致代谢综合征，换句话说，甜味剂和糖尿病、肥胖症之间的关系密不可分。

许多甜味剂不会被肠道直接吸收，这就是它们不会带来热量的原因。对任何想减肥的人来说，这听起来都不错。然而，它们给消化道带来了根本性的变化：在甜味剂的作用下，分解碳水化合物的细菌数量急剧增加。结果就是，一些糖尿病患者和在意自己体形的人完全没有意料到的事情发生了：尽管甜味剂本身并没有进入体内，但他们的身体突然开始从食物中获得了更多的糖分子。不论是肥胖的人还是健康、正常体重的人，只要接受单剂量的含有三氯蔗糖的饮料，他们的血糖利用率就会显著降低。

这听起来可能很矛盾，但零热量、零糖的甜味剂似乎会促进人类和动物的肥胖和糖尿病，而不是降低血糖或减轻体重。要知道，在这个过程中，绝大部分人或者动物仍然保持了他们日常的饮食习惯。

没有糖的糖尿病

为了了解更多信息，研究人员做了如下安排：首先，给三组小鼠分别饮用富含甜味剂糖精（E 954）、三氯蔗糖（E 955）和阿斯巴甜（E 951）的饮用水，持续 11 周。第四组饮用"糖水"，

第五组接受不含甜味剂和糖的纯水。在实验结束时，以前喂食甜水（含三种甜味剂或蔗糖）的健康小鼠已经出现糖尿病前期状况（血糖处理能力大幅下降）。在动物实验中，甜味剂尤其能抑制多种重要细菌的生长，例如嗜黏蛋白阿克曼菌、乳酸菌和大肠杆菌。当研究人员把喂食过甜味剂的小鼠的肠道菌群移植到其健康的同类中时，后者代谢糖的能力也下降了。

由于不能总是从老鼠身上得出关于我们人体的结论，我们必须对人类进行调查。研究人员调查了 381 名没有患糖尿病且身体健康的人的体重和葡萄糖代谢情况。可怕的结果是：那些自称经常食用甜味剂的调查对象在调查阶段出现了体重增加，并且从指标上看有了更多糖尿病发作的迹象。此外，甜味剂爱好者与食糖者的肠道细菌构成也有显著差异。

在另一项研究中，研究人员安排那些通常不食用甜味剂产品的志愿者以甜味剂代替他们日常使用的咖啡方糖，并只食用含甜味剂的甜

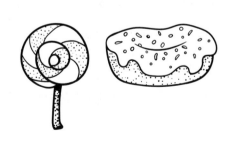

点。结果显示，平均每两个人中就有一个出现了糖代谢恶化的现象——从长远来看，这些是糖尿病的先兆。而且出现了糖代谢恶化现象的志愿者们的肠道菌群也发生了显著变化。如果将对甜味剂敏感的人的微生物群落转移到老鼠身上，老鼠们也会患上同样的疾病。

进一步的研究将各种甜味剂与微生物群落的消耗联系了起来。有些人可能比其他人更容易受到人造甜味剂副作用的影响。此外，母亲在怀孕期间经常食用含甜味剂的食物的话，她的孩子在以后的生活中将有更高的肥胖概率。专家将这些也归因于肠道菌群的变化。

抑郁症与甜味剂

体内微生物群落的改变也可能是甜味剂促进抑郁症的原因。美国神经学家陈红雷（Honglei Chen）博士最近 10 年观察了超过 100 万人。他发现喝含糖软饮料、减肥饮料或含甜味剂的减肥饮料的数据样本更容易患上抑郁症。每天喝 4 杯饮料的人，患病风险比一般人高出 30%。另外，那些喝不加糖咖啡的人有一个明显的优势：每天饮用不加糖的咖啡可以显著降低患抑郁症和糖尿病的风险。喝黑咖啡和苦咖啡似乎会让你很开心。

高血压与细菌

罗伯特·科赫研究所的一项研究表明，目前有三分之一的德国人患有高血压。高血压是人体健康的隐形杀手，看不见摸不着。在大多数情况下，高血压患者实际上比那些血压持续过低的人感觉更健康、更有效率。但从长远来看，高血压会损害心脏和血管。如果及时将血压降至正常水平，那么可能预防超过一半的心脏病发作和中风。

高血压通常是由遗传因素、生活方式和环境影响的复杂相互作用引起的。当然啦，肠道微生物在这个过程中也扮演了重要角色。显然，某些肠道微生物具有升高血压的能力，而一些益生菌会降低血压。肠道细菌可以使用多种策略来对抗高血压。前文已经提到过的短链脂肪酸会影响与肾脏和大脑的神经连接，从而降低血压。此外，微生物也参与了那些能控制血管收缩和舒张的信使物质的生产。血压是上升还是下降，其具体机制和作用取决于不同的菌株。这同样适用于低阈值慢性炎症，其原因和解决方案也可能存在于肠道中。再强调一遍，其具体机制和作用取决于不同的菌株。

高血压患者的肠道中往往只有很少的双歧杆菌属和拟杆菌属细菌，厚壁菌门细菌的数量却很多。因此，肠道中这两类细菌菌株的比例与高血压之间的关系，就像肥胖和糖尿病一样，存在正相关性。这样一来，这些疾病经常同时发生也就不足为奇了。在高血压患者的肠道中也发现了过多的直肠真杆菌。实际上，这种微生物是一种重要的肠道居民，对人体而言不可或缺。然而不幸的是，它的代谢产物会导致血管收缩，从而导致血压飙升。

食盐与肠道菌群的生物料理

"把盐给我。"盐是百味之首，没有盐我们会食不知味。但在我们的日常生活里，盐不只藏在调料罐中，还被现代食品工业巧妙地隐藏在许多食物中，尤其是在即食食品和快餐食品中。我们大多数人都吃下去了过量的盐。平均每两个高血压患者和每四个正常血压的人中就有一个属于"盐敏感人群"。这类人如果从食物中摄取的盐分过多就会导致血压升高，而其他人则不会出现这样的现象。直到最近，研究人员才知道，一个人是否属于盐敏感人群和其体内的微生物群落有着重要联系。

在一项由麻省理工学院的科学家和柏林的科学家共同开展的实验研究中，科学家们发现，过量的食盐摄入会导致小鼠和人类肠道内有益细菌的数量锐减。如果给小鼠提供高盐饮食，它们体内能降低血压的乳酸菌数量会显著减少。特别是鼠乳杆菌，它们几乎消失得无影无踪。在细菌消失的同时，血压值也在攀升，

TH17 细胞数量也在增加。您还记得 TH17 细胞吗？在有关丙酸盐的主题中，我就提到了它们。它们是调节性 T 细胞的兄弟，在高血压和自身免疫性疾病的发展过程中可能起到负面作用。乳酸菌可以减少 TH17 细胞的数量，从而将血压稳定在安全范围内。

为了获取这些观察结果，研究人员在动物实验的基础上开展了人体实验。如果受试者们每天通过饮食摄入超过 6 克食盐，他们的血压就会显著升高。各种乳酸杆菌菌株随后也在人体肠道中死亡，导致血压升高的 TH17 细胞数量增加。然而，当受试者在开始高盐饮食前一周服用市售益生菌时，保护性乳酸杆菌的数量将保持在健康水平，人体血压正常。因此，食盐似乎除了通过改变肾脏的血容量和液体排泄来直接影响我们的血压之外，还能通过影响我们的微生物群落间接影响人体血压。

可以松弛血管的乳酸菌

显然，多样化的肠道菌群可以对高血压产生有益的影响。其中起到主要作用的是乳酸菌和双歧杆菌，它们似乎能够让血管保持松弛状态。除此之外，它们还能产生短链脂肪酸、镇静神经递质（GABA）和能扩张血管从而降低血压的蛋白质（ACE 抑制蛋白）。在研究中，这些效果可以通过不同的微生物来实现（见下方微生物保健贴士）。如果您想在益生菌的帮助下降低血压，可以选择含有这些微生物的膳食补充剂。在益生菌的帮助下，血压降低 6 毫米汞柱[1]（舒张压值）到 17 毫米汞柱（收缩压值）是可能的。为了实现这一目标，您可以服用含有益生菌的膳食补充剂，又或者食用添加了特定细菌的发酵食品（如奶酪、酸奶），并坚持 4~21 周。

保持健康的生活方式当然也是长期降低血压的重要措施。研究表明，每天运动半小时可以降低血压 5 毫米汞柱；每减 1 千克体重，可以降低血压 1 毫米汞柱；那些不喝酒的人可以降低约 5 毫米汞柱的血压。但这些数字也表明，您必须做出一些生活方式的改变才能显著降低血压水平。在这种背景下，通过补充益生菌降低高达 17 毫米汞柱的血压，效果是很可观的。

微生物保健贴士

研究表明，这些益生菌对改善高血压有益：

瑞士乳杆菌、干酪乳杆菌、保加利亚乳杆菌、鼠李糖乳杆菌、植物乳杆菌、乳酸乳球菌、嗜热链球菌和布拉氏酵母菌。

---

[1] 1 毫米汞柱 = 0.133 千帕。

细菌如何阻塞血管

现在大家都知道，吃太多的红肉和香肠会增加心脏病和动脉硬化的风险。但直到最近，专家才知道肠道细菌是如何参与其中的。因为针对动脉硬化的讨论早已不仅限于饱和脂肪酸。对血管来说，其中的关键很有可能是肠道菌群对肉类中所含的类氨基酸化合物——左旋肉碱的作用。左旋肉碱的名字自然和肉有关，其俗名是L-Carnitin，L 代表左，后面那个单词的拉丁语词根是 carne，在如今的意大利语和西班牙语中仍旧保持了它本来的意思——"肉"。

如果我们在肠道中培育出错误的细菌，它们就会将左旋肉碱转化成三甲胺（TMA），之后通过肠屏障和血液循环进入肝脏。在肝脏中，它们被转化为三甲胺 -N- 氧化物（TMAO）。这就是我们要关注的重点了：TMAO 有可能会毒害我们的血管。甚至，已经有科学研究证明了细菌对该类物质的代谢同心血管疾病风险之间的关系。血液中 TMAO 含量高的患者心脏病发作和中风的风险比一般人高出 2~5 倍。

TMAO 水平在相当程度上取决于我们的日常饮食和肠道菌群功能。就算是给肠道内无菌的动物直接喂食含有左旋肉碱的饮用水，它们也不会在体内生成 TMAO。但是拥有肠道菌群的同类动物在相同饮食下，体内的 TMAO 值会飙升。

相同的实验结果也出现在我们人类身上。在一项研究中，肉食者和素食者被给予特定剂量的"肉氨基酸"左旋肉碱。有趣的是，随后 TMAO 水平仅在肉食者中增加。素食者显然缺乏可以将左旋肉碱转化为有害的 TMAO 的细菌，因为他们的肠道已经习惯了无肉饮食，几乎没有任何可以代谢左旋肉碱的细菌。如果您想知道您的肠道菌群是否产生了 TMAO，您可以去检测您的粪便或血液样本。

不同食物的左旋肉碱含量（单位：每100克）	
羊肉	100~200 毫克
牛肉	50~150 毫克
小牛肉	70~100 毫克
干牛肝菌	约 40 毫克
龙虾	约 30 毫克
猪肉	约 25 毫克
火鸡腿	约 15 毫克
鳕鱼	约 15 毫克
鸡胸肉	约 8 毫克
乳制品	2~10 毫克
金枪鱼	约 5 毫克
鸡蛋	约 1 毫克

不吃肉也许会更好

TMAO 细菌的发育需要动物蛋白。素食者可能给这些特殊细菌的营养太少了，以至于它们在肠道中的数量越来越少。这也解释了为什么纯素食主义者[1]、素食主义者[2]和鱼素食主义者[3]患心脏病的风险显著降低。根据牛津大学的一项研究，纯素食主义者和素食主义者患心脏病的概率要比正常人低22%，鱼素食主义者的患病风险要低13%。即使素食者或鱼素食者偶尔吃肉，但由于肠道中缺乏转化细菌，他们的身体不会受到任何负面影响。

但如果您是个"肉食动物"，您的微生物群落会适应您的饮食。那些专门负责加工肉类的细菌就拥有了更好的生存条件——

[1]纯素食主义者的饮食完全由植物构成，不吃鸡蛋、牛奶、蜂蜜、酸奶、奶酪等任何来源于动物的食品。
[2]素食主义者的饮食中不含肉类，但可以吃鸡蛋、牛奶、蜂蜜、酸奶、奶酪等其他来源于动物的食品。
[3]鱼素食主义者的饮食中不含除了鱼肉之外的其他肉类，可以吃蛋、牛奶、蜂蜜、酸奶、奶酪等其他来源于动物的食品。

TMAO产量增加的风险就更高了。然而，素食者和纯素食者并不能完全免疫这种破坏血管的细菌。大多数植物性产品的左旋肉碱含量非常低，但是干牛肝菌中却有相对大量的左旋肉碱。素食者的乳制品和鸡蛋摄入量也高于纯素食者。然而我们必须强调的是，左旋肉碱是我们饮食的重要组成部分，我们需要定期摄入一定量。

问题的关键是：产生TMAO的多少与肠道菌群的构成究竟有什么关系？这个问题的答案是：只有对转化左旋肉碱具有一定遗传要求的细菌才能提高TMAO水平。这些细菌包括大肠杆菌、克雷伯氏菌、柠檬酸杆菌和变形杆菌。

保健贴士 ⚙

如果您怀疑自己的肠道细菌正在产生大量破坏血管的TMAO，您可以进行以下两项检查：

*通过血清或尿液检查测定TMAO含量。

*通过粪便样本检测确定肠道菌群的TMA形成酶。

如何控制 TMAO 的生产

在研究中，研究人员发现了各种可以能减少肠道菌群有害代谢物形成的物质。其中之一是大蒜中的活性成分大蒜素。在一项研究中，小白鼠在食用了左旋肉碱后 TMAO 水平增加了 4~22 倍。但如果受试动物同时摄入大蒜素，变化就会被控制在 4 倍以内。这可以保护小鼠的血管免受有害影响。

好在有一种名称复杂的活性成分——二甲基丁醇（DMB）可以减缓 TMAO 对血管的侵害。一般来说，DMB 广泛存在于冷榨橄榄油和葡萄籽油、红酒和香醋中。由此可见，居住在地中海沿岸的居民确实有某种先天优势。研究人员安排了这样的一个实验：他们给参加实验的小鼠每天喂食大量左旋肉碱，喂食时间超过 4 个月。正如预期的那样，它们的 TMAO 水平飙升。但他们给其中一部小白鼠提供了含有保护性物质 DMB 的饮用水，实验过程中，尽管这些小鼠摄入了不健康的左旋肉碱，但 TMAO 水平仅略有增加，并且这部分小鼠中出现血管钙化的数量较少。顺便说一句，在对人类的研究中也可以观察到同样的情况。在保持健康的地中海饮食的同时，我们可以通过少吃肉来"饿死"那些 TMA 的"生产商"。大多数产生 TMA 的细菌都属于所谓的腐败菌，它们主要利用动物蛋白。如果我们能保持健康的饮食习惯，就可以减少这些有害的细菌，增加那些有助于我们健康的细菌的数量。

花青素也可能达到很好的效果。它们是主要存在于紫色、深紫色水果蔬菜中的植物化合物。其中黑莓和蓝莓的花青素含量特别丰富，除此之外还有接骨木莓、紫色蔬菜（紫胡萝卜）和木槿。花青素可以通过多种机制抵抗动脉硬化的发生。这类疾病的罪魁祸首主要是大肠杆菌等促炎细菌的代谢产物引发的血管变化，而花青素可以减少此类有害物质的产生。

重点回顾

- - - ● - - -

＊ 肠道菌群对我们的体重以及血脂、血压和血糖水平都有显著影响，因此也会影响罹患心血管疾病的风险。

＊ 一个健康的，尤其是多样化的肠道菌群可以一定程度上抵抗所谓的代谢综合征。

＊ 形成保护性微生物群落的一个重要先决条件是饮食中含有足够的细菌食物，即益生元纤维。

＊ 某些益生菌似乎可以帮助我们抵抗高血脂和高血糖、高血压和高体重对身体的侵害。您可以在本章和第 234 页起的表格中找到适合的益生菌。

＊ 务必避免使用甜味剂，因为它们会导致体重增加和糖尿病。

＊ 抗生素也可通过影响肠道菌群增加肥胖和糖尿病的风险。

＊ 某些细菌，尤其是那些"腐败细菌"，能够形成 TMA，

进而促进血管钙化。可以通过医学检查来确定 TMA 水平是否过高。如果 TMA 水平过高的话，您应该少吃肉和蛋，不要服用任何含有左旋肉碱的膳食补充剂。

　　＊请长期用大蒜、橄榄油、葡萄籽油和香醋烹制菜肴，时不时也可小酌几杯（红酒）犒劳自己。研究显示，这减少了细菌 TMA 的形成。

　　＊降胆固醇药物（他汀类药物）只有在肠道菌群完好无损的情况下才能发挥全部作用。因此，抗生素会显著减弱此类药物的效果。更多内容请参见第 8 章"肠道，我们人体的药房"。

GESUND

第 **5** 章

MIT DARM

肠道和大脑

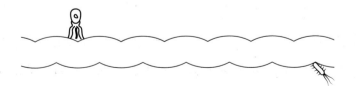

肠—脑轴线

我们肠道菌群对身体的影响可以延伸到那些乍一看与消化、排泄几乎没有关系的身体区域。我们的肠道有超过 1 亿个神经细胞，其中许多直接通向大脑。这意味着，我们的肠道和肠道细菌正在不断地与人脑灰质细胞交换着信息和物质。健康的肠道细菌也因此对大脑和神经系统的健康做出了极其重要的贡献。它们可以保护灰质免受炎症，可以刺激新的脑细胞的形成，并协助清除那些随着年龄增长而在我们的思维器官中沉积的有害细胞废物。

为形容这种密切的联系，科学家们创造了"肠—脑轴线"一词。只是，这条轴线对我们的身体究竟是好还是坏完全取决于肠道菌群的构成及其多样性，因为微生物释放的代谢产物、激素、维生素和信使物质对我们大脑的功能和发育有着决定性的影响。

又因为一条神经——迷走神经的关系，肠道和大脑在事实上紧密相连。我们肠壁中的 1 亿个神经细胞中有很大一部分同这条迷走神经相连接。也正是因此，它将肠道中的细菌与人脑灰质细胞直接连接起来，使得我们的肠道可以通过这条专线源源不断地向上汇报。同样，大脑偶尔会向消化道下发一些命令。

迷走神经也会将一种被我们称为"直觉"[1]的东西传递到大脑。它将信息直接引导到边缘系统——控制情绪的地方。因此，我们可以说，肠道完全可以影响我们的心情。动物实验还表明，迷走神经对于通过肠—脑轴线交流十分重要。焦虑的小鼠在被给予某些乳酸菌后变成了"超级英雄鼠"，它们比没有接受这种神奇药水的同龄鼠要勇敢得多。如果迷走神经连接被切断，大脑的兴奋就结束了：尽管肠道中有细菌支持，但鼓励冲动并没有到达灰质细胞。它们该害羞还是会害羞，该恐惧还是会恐惧。因此，研究者认为，没有迷走神经，上下之间的交流就无法正常进行。

传递情绪的信使

肠道和大脑还有其他密切对话的方式。它们还能借助免疫细胞和细菌代谢物（微生物群落生产的物质）交换信息。微生物群

---

[1] 德语中"直觉"一词的字面含义是肚子里的感觉。

落产生神经递质，如两种幸福激素——多巴胺和血清素，因此可以对我们的情绪产生积极影响。但并非所有微生物生成物都对我们有益，它们中的有些会导致炎症或影响错误的免疫细胞。肠道菌群还能够产生引起焦虑的物质。如果将这些物质注射到原本健康的老鼠体内，这些动物就会突然变得焦虑。显然，微生物的产物也是肠道和大脑之间建立桥梁的另一种方式，因为肠道细菌的代谢物可以直接通过肠壁进入血液，并以这种方式到达我们身体的每个细胞。其中一些活性成分甚至能够穿过血脑屏障。这种屏障实际上是相对不可渗透的，但连它都能允许肠道中的一种或几种活性物质进入神经系统。

此外，微生物群落产生的神经递质可以直接激活肠道神经系统并刺激迷走神经，进而对大脑产生积极或消极的影响。当科学家们用应激激素（去甲肾上腺素）刺激大鼠的迷走神经时，这些动物开始过度进食。在另一项实验中，通过冥想、放松技巧或瑜伽使副交感神经系统和迷走神经平静后，受试者的热量摄入量就会下降。

这很好地证明了健康的肠道菌群同心理和神经系统的密切联系。因为一旦微生物群落受到干扰，不仅会产生其他非常不好的信使物质，肠屏障的通透性也会增加。这使得细菌、毒素、食物成分和促炎代谢物更容易进入血液并进入人脑灰质细胞。因此，当肠道出现问题时，大脑也会混乱。与此同时，已经有越来越多的证据表明，精神和神经系统疾病与肠道微生物群落的变化有密切关系。

小总结 ⚙

肠道和人脑通过以下方式互相沟通：

* 迷走神经。

* 由肠道细菌形成的信使物质和代谢产物。

* 由肠道细菌"训练"的免疫细胞。

正确培养我们的小小清道夫

强大的免疫系统不仅可以保持人脑灰质细胞的健康，也可对大脑本身就具有的完整防御系统产生重要影响。我们的灰质细胞有自己的军队。在我们神经系统中最重要的防御细胞是小胶质细胞。这些小家伙可以清除那些恶化或死亡的神经细胞，从而促进大脑的良好发育。这些清道夫细胞也可以清除那些可能导致阿尔茨海默病或帕金森病的蛋白质沉积物。因此，活跃的小胶质细胞对于注定要陪伴我们一生的大脑极为重要。就在几年前，弗莱堡的研究人员进行了一项动物实验，证实了肠道菌群和小胶质细胞之间的关系。在 2015 年，研究人员进行了动物实验，他们的测试对象是由母鼠"无菌分娩"的幼鼠。这些幼鼠将终身生活在无菌笼子里，并只接受无菌食物。科学家们寄希望于通过这种方式确保自己饲养的动物不会发育出自己的肠道菌群。他们发现，这些无菌生长的小鼠大脑中的小胶质细胞几乎无法发育成熟，神经元防御团队几乎丧失了能力，大脑对破坏性影响无法做出充分反应。

当正常幼鼠接受了可以杀死大部分肠道细菌的强化抗生素治疗后，科学家们也观察到了类似的情况：小胶质细胞减弱，新脑细胞的形成显著减少——动物在"海马区"形成的新神经细胞减少了 40%，而所谓的海马体就是哺乳动物的记忆中枢。也难怪在消除肠道菌群后，小鼠的记忆力明显下降。通过服用益生菌，即对肠道友好的细菌，可以使肠道微生物群落再生并恢复大脑功能。小鼠的身体通过与健康的肠道菌群接触，逐渐恢复了大脑的防御系统，在一段时间后就能够再次完成它们的任务。一个完整的肠道菌群对于强大的清道夫细胞的重要性，不言而喻。

对我们人类来说，大脑功能与健康的肠道密切相关，在任何年龄段肠道菌群都是十分重要的。那里产生了机体尤其是大脑绝对需要的有机物。我们的小胶质细胞同样依赖前文提到的短链脂肪酸丁酸和丙酸（详见第 2 章）。这些短链脂肪酸不仅是肠道细胞的燃料，也是神经胶质细胞的电池。如果大脑的免疫细胞缺乏驱动力，大脑就会枯萎，只能对炎症、不良细菌感染或其他危及大脑的情况做出微弱的反应。因此，短链脂肪酸和生产它们的细菌在大脑健康中起着关键作用。

来自肠道的脑放松

如果我们让实验动物在年幼时承受巨大的精神压力，例如在幼鼠出生后就立即将其与母亲分开，我们会观测到这一压力在幼鼠肠道菌群留下的痕迹，这甚至会伴随它们终身。这意味着终其一生，它们都无法正确地处理精神压力。那些在无菌状态下长大的小鼠也会有类似情况，它们对压力异常敏感，并且在社交行为方面存在缺陷。这表明微生物群落可以对行为和压力感知产生巨大的影响，不论这种影响是消极的还是积极的。

如果实验动物在严重压力下暴露了几天之后，再被移植那些没有经历过压力的同伴的肠道细菌，它们就能更好地应对压力，并且不太容易受到炎症的影响。在其他研究中，小鼠在被移植特定细菌后，会拥有更高的学习能力，对压力的抵抗力和心理弹性也增加了。我们如何利用这些实验结果呢？毕竟，动物实验的结果不能总是外推到人类身上。但事实是，压力也会导致我们人类肠道菌群的变化。例如，学生们在激烈的考试阶段，粪便中健康乳酸菌的数量会减少，肠道内的生物多样性也会减少；在轻松的假期，益生菌和肠道菌群多样性就会再次增加。

如果受试者接受了双歧杆菌（例如长双歧杆菌）或其他益生菌的移植，他们的脑电图中就会有更多的 θ 波，这表明他们的精神状态更平稳、更放松。受试者也认为自己的压力不那么严重。但益生菌可以发挥更大的作用。出于研究目的，研究人员安排女性志愿者每天食用一种特殊的酸奶，其中含有一种特殊的细菌混合物，每天两次，持续 4 个星期。研究人员的假设是这些细菌会对肠道产生积极影响。对照组则饮用了不含细菌的酸奶。食用含益生菌酸奶 4 个星期后，受试者不仅主观感觉更好，焦虑和压力减轻，而且压力激素水平也明显下降。然后，如果我们借助成像方法观察工作中的灰质细胞，会发现"好"的细菌也会积极改变大脑中的某些过程。在安慰剂组中，即在那些食用不含细菌的酸奶的人中，无法检测到这些变化。

微生物保健贴士 ⚙

> 研究人员将如下细菌放在了"抗压力酸奶"中，当然您也可以选择含有这些益生菌的膳食补充剂：
>
> * 动物双歧杆菌乳亚种
>
> * 嗜热链球菌
>
> * 乳酸乳球菌
>
> * 保加利亚乳杆菌

能导致抑郁的微生物

心情好坏就藏在我们的五脏六腑之中，似乎哪怕是生活在千百年前的人都知道这点。当我们开心的时候，我们会说心花怒放；当我们害怕的时候，我们会说胆战心惊；当我们难过的时候，我们会说肝肠寸断；当我们感觉到愤怒的时候，我们会说义愤填膺；当我们下定决心去告诉自己朋友坏消息的时候，我们往往也会提前叮嘱他们，好让他们"消化"一下。

前文已经提到过了，肠道和大脑可以通过多个渠道交换信息。有些由肠道细菌产生的信使物质可以对我们的情绪产生巨大的影响，比如迷走神经将激活或镇静的冲动传递给人脑灰质细胞。这就是为什么当肠胃不畅时，我们的神经系统也会受到影响。这些相关性也适用于抑郁和情绪低落。现在很清楚，与抑郁症和焦虑症作斗争的人的肠道与健康人的肠道不同。如果我们将患者们的微生物群落的分析结果与那些肠道和大脑都健康的人进行比较，我们就能发现肠道菌群同情绪之间的关系。一言以蔽之，抑郁症患者的肠道中缺少了许多能产生丁酸盐的细菌，比如普氏栖粪杆菌、嗜黏蛋白阿克曼菌和罗氏菌。

所有改变微生物群落的影响，比如抗生素治疗、肠道感染或者肠易激综合征、克罗恩病和溃疡性结肠炎等慢性肠道疾病，都会十分显著地增加随后一段时间内患抑郁症或其他精神问题的风险。

抑郁症和肠道菌群之间的联系如下：

1. 缺乏神经递质

我们的思想、感受和行动是纯粹的化学反应。只有拥有合适的神经递质，我们才能感到快乐和满足。例如，色氨酸是睡眠激素褪黑素和快乐激素血清素中最重要的成分。血清素具有抗抑郁和振奋情绪的作用，而抑郁症患者缺乏的正是血清素和安抚性色氨酸。研究表明，那些能影响微生物群落的因素，如压力、肠道炎症、抗生素或感染引起的肠道菌群紊乱，可能降低色氨酸水平，从而引发或加剧抑郁症。健康的肠道菌群及某些益生菌能够促进必要神经递质的产生。

2. 炎症

当我们发烧和与病原体感染作斗争时，我们的行为就会改变。我们上床睡觉，把被子盖在头上，不想和任何人说话，无精打采。炎症物质，即所谓的细胞因子，会导致发烧、疲劳、精神萎靡和自闭。这些是免疫细胞对抗病原体的重要武器。同时，细胞因子暂时使"人体系统"瘫痪，以免不必要地浪费能源。病人的行为与抑郁症患者的行为有很强的相似性：虚弱、自闭、没有动力。还有其他相似之处：在抑郁症患者的血液中，研究人员越来越多地检测到炎症信使浓度显著增加，最大的"炎症来源"通常是肠道。由于肠漏综合征或肠道中的其他慢性疾病，可能会出现慢性的隐性炎症。因此，对抑郁症患者来说，应时不时去检查体内是否存在（隐性）炎症、肠道微生物的构成和是否有肠漏综合征的迹象。炎症可以通过血液测试来检测，而微生物群落构成和肠漏综合征的检测结果则可以通过对粪便样本进行分析获得。

3. 缺乏生长因子

某些神经生长因子是保持脑细胞健康所必需的，但在抑郁症患者中产生得较少。结果就是，大脑中的神经细胞无法进一步发育。最近的一项研究已经证明，"神经细胞生长因子"的数量可以增加，并且只需施用乳酸菌、植物乳杆菌即可刺激肠道和大脑中快乐激素血清素的产生。

4. 缺乏营养和纤维

澳大利亚科学家最近证明，在药物治疗和心理治疗的前提下，采用地中海式饮食可以帮助患有抑郁症的人长期改善他们的情绪。哪怕我们假设人体内的微生物群落完全不参与这一过程，地中海式饮食中的许多成分，如植物油、Omega-3 脂肪酸、水果、蔬菜、红酒和浓缩咖啡中的多酚，也对情绪健康有益。

抑郁的移植

肠道能够使用信使物质和神经冲动控制我们的情绪。但出人意料，甚至有点可怕的是，许多疾病可以和粪便颗粒及它们所含的细菌一起转移，甚至跨物种传播，例如肥胖和糖尿病。但到目前为止，我们绝大多数人仍然认为，抑郁症等精神疾病应该是我们的成长和社会化过程的结果。对微生物群落的研究拓宽了我们的视野。如果我们将特别勇敢、大胆和好斗的老鼠的肠道细菌植入天生焦虑和害羞的老鼠身上，害羞的老鼠很快就会成为无所畏惧的探险家。肠道细菌发生变化的同时，在负责我们情绪的两个大脑结构中也发生了化学变化。这两个大脑区域的名字很吸引人：一个是所谓的海马体，即记忆的控制区；另一个是杏仁体，即情感的控制中心。有了新的肠道细菌，受试动物产生了更多的信使物质，它们可以防止抑郁症并对神经细胞的生长产生有益的影响。

在另一个实验中，研究人员将抑郁症患者的粪便和微生物群移植到没有肠道菌群的大鼠身上。它们的行为在很短的时间内发生了根本性的变化：它们开始变得悲伤和自闭，也不再保持自己原有的饮食状态。这一研究表明，改变情绪的微生物是可以传播的，甚至是可以从一个物种传播到另一个物种的。据此我们可以认为，肠道生态失调与抑郁症的发展之间很可能存在因果关系。对受试动物进行进一步检查后，研究人员发现大鼠的神经递质新陈代谢也因微生物群落的移植而发生了变化，它们肠道中的色氨酸产量也开始减少。

精神生物学前途无量

调节情绪，并不总是需要完整地移植肠道微生物群落。"精神生物学"研究能为我们提供很大的帮助。我们已然知晓了益生菌和益生元的相关知识，所谓的"精神生物"就是指某些可对心理产生特定影响的益生菌。在动物实验中，如果给无菌的小鼠喂食婴儿双歧杆菌，就可以显著增加能改善情绪的色氨酸和快乐激素血清素的含量。这种细菌菌株也是人类肠道菌群的重要组成部分。

为了调查受试动物的焦虑和抑郁行为是否会被益生菌影响，研究人员展开了实验。抑郁的老鼠？这乍一听确实奇怪，毕竟我们不能采访小鼠，但是我们可以先让它们承受很大的压力，然后观察它们的反应。例如，在一个盒子中分别设置有光和无光的环境，并在有光环境中放置可以惊吓老鼠的机关，观察老鼠走进有光环境的次数就可以大概推算老鼠的胆量和焦虑程度。此外，游泳测试可以检查老鼠的活力、耐力、抑郁倾向和快速放弃的意愿：研究人员将小鼠放置在四壁光滑的鱼缸中，使它们在不能触地、不能爬上光滑的鱼缸壁的情况下游泳，并记录它们"为生存而战"的时间。

相较于对照组而言，那些被移植一些乳酸菌（鼠李糖乳杆菌、瑞士乳杆菌、长双歧杆菌）的小鼠会更勇敢。它们进入有光环境的次数更多，在游泳测试中坚持的时间更长。此外，它们的压力激素水平并没有像那些未收到这些鼓励的笼友那般上升。然而，如果小鼠的肠道和大脑之间的连接——迷走神经被切断的话，不论它们吃下了多少抗焦虑细菌，都不会增加它们的勇气和毅力，因为肠道和大脑之间的联系被切断了。显然，只有在迷走神经完好无损的情况下，益生菌才能对大脑产生激励作用。

运动员也能从这些知识中受益，因为耐力实际上由两部分组成：机体本身的能量和遇到困难时继续前进的精神力量。简而言之，在这一过程中，肌肉和头脑缺一不可。实验表明，想要在运动和工作中表现优异所必需的耐力，也取决于健康的肠道菌群。动物实验的结果可以很好地推及人类身上，尤其是在心理方面。因为实验已经证明，肠道和大脑之间互相影响的机理在人与啮齿动物中几乎没有什么不同。那些受试者在为期30天的实验中被给予与小鼠相同的细菌，即瑞士乳杆菌、鼠李糖乳杆菌和长双歧杆菌。实验结果是，作为人类的他们，恐惧感、精神压力、抑郁或敌对想法也会减少。在数据指标上，他们的压力激素水平下降，而安慰剂组却没有任何变化。

可媲美抗抑郁药的益生菌

"精神生物药"的作用比最初想象的要强得多，甚至可以与强效抗抑郁药相媲美。对幼鼠而言，把它们同母亲分开会给它们带来巨大的压力。前文已经提到过，这样做不仅可以使得它们的压力激素水平上升，还会永久改变它们的肠道菌群。在游泳测试中，它们的快速放弃被研究人员认为是一种"抑郁行为"。在一项研究中，这些幼鼠被分别给予婴儿双歧杆菌和强效抗抑郁药。单论效果而言，二者不分伯仲。不论是益生菌组还是强效抗抑郁药组，幼鼠的行为都得到了稳定。

这不仅适用于抑郁的老鼠，还同样适用于抑郁的人。即便是严重的抑郁症也会对正确的肠道细菌做出反应。在一项研究中，40名重度抑郁症患者被安排服用含有嗜酸乳杆菌、干酪乳杆菌和比菲德氏菌菌株的膳食补充剂（每一种都有20亿个细菌，总共有60亿个细菌）或安慰剂。2个月后，研究人员对志愿者们进行了心理测试，证明益生菌组受试者的抑郁程度明显低于安慰剂组受试者。与此同时，益生菌组受试者血液中的炎症水平也有所下降。所有这些研究表明，微生物群落在抑郁症的发展中起着因果作用。在探究恐惧、抑郁情绪和抗压能力缺乏的原因时，肠道菌群绝对值得被纳入考虑范围。

┌─────────────────────────────┐
│ 微生物保健贴士 ⚙ │
└─────────────────────────────┘

在抑郁症患者体内，通常缺乏栖粪杆菌属、小杆菌属和粪球菌属细菌，通常含有过量的促炎 LPS 细菌，如大肠杆菌、克雷伯氏菌、柠檬酸杆菌或变形杆菌。

下列膳食补充剂将有助于抑郁症的治疗：

鼠李糖乳杆菌、瑞士乳杆菌、干酪乳杆菌、保加利亚乳杆菌、嗜酸乳杆菌、两歧双歧杆菌、婴儿双歧杆菌、长双歧杆菌、动物双歧杆菌乳亚种、嗜热链球菌、乳酸乳球菌。

帕金森病，既是脑病，又是肠病

帕金森病是继阿尔茨海默病之后第二常见的"神经退行性疾病"。所谓"神经退行性"就是指大脑中的某些神经细胞死亡，导致身体活动和精神活动受到限制。帕金森病的典型特征是手颤抖和运动障碍，这会严重影响患者的日常生活质量。这种疾病是由产生信使物质多巴胺的神经细胞被破坏引起的。脑细胞分解的原因是聚集的蛋白质分子的沉积。随着时间的推移，如果我们的大脑自身的防御对此无能为力的话，神经细胞就会被这种"蛋白质废物"窒息。

然而，这种疾病不仅会损害脑干中的神经细胞，还会损害胃肠道中的神经细胞。大多数专家现在认为，这种"惊厥性麻痹"并非始于大脑，而是始于肠道神经系统。在帕金森病发作前 10 到 15 年，几乎 80% 的受影响者患有持续性便秘和其他消化问题。早在大脑出现问题之前，"神经杀伤蛋白"的沉积物就已经可以在肠道的神经细胞和迷走神经中检测到。肠道神经细胞中"蛋白质废物"的发现引发了这样一种假设，即环境毒素和炎症物质通过肠道进入机体，然后通过迷走神经秘密、无声地扩散到大脑。慢性炎症性肠病患者患帕金森病的风险要比普通人高出 20% 以上，这一事实也支持了科学家们的假设。在这个风险组中，至少有三个因素可以促成这种疾病：肠道菌群紊乱、肠道屏障通透性增加以及肠道和血液中循环的炎症信使。

帕金森病患者体内的肠道细菌构成往往会经历剧变。由赫尔辛基大学医院的神经学家菲利普·舍佩尔扬斯（Filip Scheperjans）领导的一个研究小组在经过一系列观察之后，认为其中的关键是，帕金森患者体内缺少普雷沃氏菌属的细菌。普氏菌有助于形成维生素 B，如硫胺素和叶酸，它们对维护肠道屏障和保持健康的神经系统功能十分重要。这些细菌在所有接受检查的帕金森病患者肠道中都只有微量存在。尽管学界尚未对普氏菌如何影响帕金森病患者达成共识，但起码可以为这类细菌对神经细胞提供保护这一假设提供经验依据。如果缺少它们，神经细胞的大门就可能会向毒素、危险细菌或其他有害因子敞开。另一项研究还显示，帕金森病患者体内往往还缺少能产丁酸盐的细菌菌株，如布劳特氏菌属、粪球菌属和罗氏菌属的细菌。

除此之外，在帕金森病患者的体内往往还能见到另一类细菌，即所谓的肠杆菌属细菌。如果这些细菌在肠道生态中占据了主要地位，那么宿主罹患帕金森病的概率就会大大增加。在帕金森病患体内，检测到的这些细菌越多，患者的平衡性和行走问题就越大。肠杆菌属包括大肠杆菌、克雷伯氏菌、柠檬酸杆菌、变形杆菌等细菌。它们一定程度上是正常的肠道生态的重要组成部分，但其家族内部也包括沙门氏菌、耶尔森氏菌和志贺氏菌等致病菌。

但无论如何，肠杆菌属细菌的共同点是促炎。前文提到过，这会使身体处于压力之下。前段时间针对帕金森病患者体内菌群的移植性研究，也佐证了肠道菌群和帕金森病之间可能存在联系的假设。研究人员使用了一种对帕金森病特别敏感的转基因小鼠作为实验样本。研究人员对其进行了肠道菌群杀灭，在经过一段时间的无菌培养后，将小鼠们分为对照组和实验组，并分别为它们移植了健康人的肠道菌群和帕金森病患者的肠道菌群。实验结果是：对照组小鼠并未出现帕金森病症状，但实验组小鼠在很短的时间内就出现了非常典型的帕金森病症状。

肠中小洞，脑中飓风

健康的肠道知道如何保护我们的身体。数以万亿计的细菌可以保持肠道屏障完好无损，并防止有害污染物进入体内。但由于肠道菌群受到干扰，在大多数帕金森病患者中这种屏障失效了，它变得处处漏风。因此环境毒素和炎症物质更容易进入人体，到达神经系统并在那里造成损害。这类现象在那些帕金森病的早期病患身上十分常见。某些细菌，尤其是大肠杆菌，可以通过那堵"四处漏风"的墙，进入肠壁。那里的防御细胞密度比身体其他地方都大，一旦发现异常，它们会立即上报：

"十万火急，大肠杆菌已经渗透到它们不应该出现的地方了！"

防御系统的工作是防止此类攻击。因此，对肠漏综合征患者来说，免疫细胞与细菌或食物成分的直接接触会引发炎症，自由基引起的氧化应激也会增加。这也可以在两名帕金森病患者身上得到证明：他们血液中炎症介质的浓度增加。而且肠道屏障的渗透性越高，那些能致使神经损伤的帕金森病典型物质——"蛋白质废物"的数量就越多。因此，对所有帕金森病患者以及有家族史的人来说，检查肠道屏障的稳定性和炎症标志物都是有意义的。

这些标志物包括钙结合蛋白、α-1-抗胰蛋白酶和连蛋白。在第252页您将了解有关这些参数含义的更多信息。

能安抚我们大脑的益生菌

慢性炎症和肠道细菌过度生长会导致帕金森病。因此，有针对性地施用微生物可以显著地减缓疾病的进程。意大利科学家曾经研究益生菌对健康人和帕金森病患者的影响，他们证明所有测试的细菌菌株（唾液乳杆菌、植物乳杆菌、嗜酸乳杆菌、鼠李糖乳杆菌、动物双歧杆菌乳亚种和短双歧杆菌）都能够减少炎症信使和自由基的形成。就他们的实验而言，唾液乳杆菌和嗜酸乳杆菌对帕金森病患者的帮助最大。此外，唾液乳杆菌、植物乳杆菌和鼠李糖乳杆菌尤其能够抑制大肠杆菌或克雷伯氏菌等有害肠杆菌的生长。前文已经提到，这些细菌对人体的健康具有负面影响。未来，我们有可能发明出专门用来稳定大脑功能的帕金森病特效药，从根本上解决问题。不过，就目前的研究来说，我在此斗胆推荐大家使用高剂量的合生元。起码它可以安抚肠道中的健康细菌，从而使受干扰的肠道菌群重回正轨。

微生物保健贴士 ⚙

> 帕金森病患者体内，通常缺乏丁酸盐和丙酸盐的生产者，例如普氏栖粪杆菌，布劳氏菌属、粪球菌属和罗氏菌属的细菌。
>
> 帕金森病患者体内，通常有过量的促炎性 LPS 细菌，例如大肠杆菌、克雷伯氏菌、柠檬酸杆菌或变形杆菌。
>
> 唾液和嗜酸乳杆菌可能会对他们的健康有所帮助。此外，可能还有植物乳杆菌、鼠李糖乳杆菌、动物双歧杆菌乳亚种和短双歧杆菌。

阿尔茨海默病：细菌代谢物攻击神经细胞

人们口中的"痴呆"一词涵盖了 50 多种不同的临床表现，但其共同点都是心智能力的逐渐丧失，通常伴随有明显的行为变化。痴呆患者中有三分之二患有所谓的阿尔茨海默病。神经递质——乙酰胆碱的缺乏是这种疾病的典型表现。这种神经递质对神经细胞之间的交流很重要，它能将信息从一根神经（神经元）传递到另一根神经。如果这种从神经到神经的传输可能性被破坏，就会产生与切断电话线相同的效果——无法沟通信息了，自然也无法再找回美好的回忆了。与帕金森病患者类似，阿尔茨海默病患者的大脑中也有相当的蛋白质沉积。这种蛋白质被称为淀粉样蛋白，完全不能被大脑自身的清道夫细胞消除。蛋白质会"扼杀"神经元，导致大脑失去越来越多的能力。这一疾病的成因目前尚不明确，但消化道中的细菌似乎与其有某种联系。

在一项研究中，科学家将43名阿尔茨海默病患者的粪便样本与43名大约相同年龄的健康人的粪便样本进行了比较。与其他疾病一样，丁酸盐和丙酸盐生产者在他们体内少得可怜。一个意大利研究小组将阿尔茨海默病与血液中高水平的炎症标志物、肠道中过多的促炎细菌（如大肠杆菌），以及缺乏炎症抑制剂（如直肠真杆菌和脆弱拟杆菌）联系起来。在此背景下，有趣的是，大肠杆菌、沙门氏菌、枯草芽孢杆菌或葡萄球菌等细菌会产生大量的淀粉样蛋白，这在阿尔茨海默病的发展中起关键作用。而且这些细菌蛋白显然可以穿过肠道屏障和血脑屏障。这个等式似乎是合乎逻辑的：微生物群落的破坏 + 肠道中淀粉样蛋白的形成增加 + 肠道屏障的通透性增加 = 大脑中更多有害的淀粉样蛋白。随着年龄的增长，肠黏膜的屏障功能和血脑屏障的屏障功能继续下降，从而可能加速阿尔茨海默病的发作。

结合前文，想必您已经清楚，一些细菌的代谢物很可能是痴呆症的帮凶，比如氧化三甲胺（TMAO）。学术上，人们普遍将其视为动脉硬化和心血管疾病发展的罪魁祸首。当我们的肠道菌群代谢动物性食物，尤其是红肉时，在肝脏中就会形成 TMAO。现在，学界也将 TMAO 认为是增加阿尔茨海默病发作风险的"罪魁祸首"之一。因此，为了预防痴呆，将 TMAO 水平保持在尽可能低的水平也很重要。您可以在本书第 129 页，找到如何降低 TMAO 的详细说明。

胃中杀手

除了肠道细菌之外，胃中的（少数）细菌也可能对灰质细胞产生致命影响。幽门螺杆菌是一种人体中普遍存在的细菌，它可以抵抗胃中的盐酸，可以在其他细菌都几乎无法生存的地方自由生长，同时对其宿主产生负面影响，比如增加胃黏膜炎症和胃溃疡的风险。

但现在有人怀疑，如果我们让这位不速之客在胃中住得太久，它可能会产生更严重的后果。学界已有幽门螺杆菌和痴呆症之间存在相关性的假设。因为阿尔茨海默病患者胃中的幽门螺杆菌数量要比同龄的健康人高出许多。即使在仅患有轻度记忆障碍的患者中，这种细菌的检出率也几乎是那些精神能力正常者的两倍。人体被它感染得越严重，即血液中测得的抗体水平越高，其精神警觉性就越差。细菌可能在几个方面对我们的灰质细胞产生作用：

它可以阻断神经细胞和血管对维生素 B_{12} 的吸收，损害神经并干扰大脑中的血液循环。炎症物质似乎也加速了脑细胞的凋亡。然而，为了摆脱细菌，需要长期的抗生素治疗，这不仅会杀死幽门螺杆菌，还会影响肠道中的其他同伴。但即便如此，我们还是应该先消除胃中的致病菌，然后在均衡饮食和合生元膳食补充剂的帮助下，重建我们的肠道菌群。

微生物保健贴士 ⚙

在阿尔茨海默病患者体内，通常缺乏丁酸和丙酸生产者，如拟杆菌属、瘤胃球菌属、毛螺菌科的细菌，直肠真杆菌、脆弱拟杆菌，以及短链脂肪酸。患者肠道内通常有过量的大肠杆菌，胃内有过度繁殖的幽门螺杆菌。

多发性硬化症：免疫细胞 VS 神经细胞

多发性硬化症（MS）是一种大脑自身免疫性疾病，主要影响 20~40 岁的年轻女性。与其他自身免疫性疾病一样，被误导的免疫细胞会攻击人体的体细胞。在 MS 中，免疫细胞突袭的是神经细胞的绝缘层，即所谓的髓鞘。多发性硬化症的病因在很大程度上仍然未知，但目前肠道菌群的改变可能使得罹患该病风险大大增加这一假设，已经在学界取得普遍共识。

医护人员发现，在 MS 患者体内，肠道菌群明显缺乏保护性细菌。也有其他研究人员在对患者粪便的分析中发现了大量促炎细菌。这意味着，患者自身罹患免疫性疾病的风险相较正常人本就高得多。如果我们能给肠道中的抗炎细菌提供合适的生存土壤，那么正常人罹患 MS 的风险就会降低，患者的病情也会减轻。别忘了，短链脂肪酸（丁酸、丙酸）的"生产商"是最重要的抗炎参与者。此外，MS 病患的体内往往缺乏能代谢植物雌激素的细菌。所谓植物雌激素就是指大豆、亚麻籽或啤酒花中常见的一种植物激素。对 MS 患者而言，人体的雌激素似乎可以抑制这种疾病。但植物雌激素能否做到这一点，尚未可知。但不管怎么说，相较正常人，患者体内明显缺乏能代谢植物雌激素的细菌，这可能会为我们更好地了解体内微生物群落与疾病发展之间的联系提供帮助。

有益于神经健康的细菌

以粪便移植对 MS 患者的实验性治疗效果为主题的研究表明，肠道微生物群落在 MS 的疾病进程中发挥着重要作用（当然啦，不是每个人都需要粪便移植这般重大的干预措施）。随着肠道中新的微生物群落的出现，受试患者的症状得到了永久性的改善。相同的实验结论不仅仅出现在针对人体的研究中。为了彻底攻克MS，有的研究人员通过基因编辑得到了一批专门用于研究 MS 疾病的小鼠，它们相对于正常小鼠而言，对 MS 更加敏感。在他们的小鼠实验中，确实出现了肠道菌群和 MS 疾病之间存在相关性的证据。因为没有被移植病患肠道菌群的无菌小鼠能保持健康，而被移植了肠道菌群的小鼠确实更容易发病。在那些生病的动物中，研究人员通过益生菌疗法也确实改善了它们的症状。还有的研究显示，有一部分人类患者在接受了 2~4 个月的益生菌疗法后也出现了免疫系统得到改善，甚至重回正轨的现象。科学家给那些患者接种的细菌是双歧杆菌、乳酸杆菌和链球菌。

由于我们饮食习惯对肠道菌群起着决定性影响，意大利研究人员保罗·里乔（Paolo Riccio）和罗科·罗萨诺（Rocco Rossano）也建议 MS 患者采用肠道菌群友好型饮食。它应该富含纤维，并尽可能减少糖、盐、红肉和饱和脂肪的摄入——这些食物成分会加剧体内炎症，并使肠道菌群失衡，两者都会促进MS 的发展和恶化。许多研究人员也对 MS 患者使用抗生素持批评态度，将其视为导致疾病恶化的风险因素。

前段时间的一项跨国研究能够证明，盐显然会使人体免疫系统呈酸性，并且可以显著增加攻击性免疫细胞的数量。研究人员向细胞培养物中添加了盐水，最终导致 TH17 细胞数量增加了十倍。在动物实验中，高盐食物也会加重多发性硬化症的病情。研究人员已经通过对高血压患者的研究，发现了高盐饮食是如何改变了我们的肠道菌群，从而释放了 TH17 细胞。好在，如果我们的肠道菌群能产生大量丙酸盐，那么负责镇静免疫系统的 Treg 细胞就会被激活，这会使失控的 TH17 细胞重回正轨。

MS 患者的肠道需要益生元纤维，尤其是抗性淀粉。这种抗性淀粉会促进丙酸"生产商"的形成。此外，还应为肠道提供高剂量的乳酸菌。日常饮食中，尽可能减少含盐调味品的使用，这也可以对 MS 的病程产生有益的影响。

微生物保健贴士

多发性硬化症患者通常缺乏拟杆菌属（普雷沃氏菌属）、普氏栖粪杆菌、乳酸杆菌菌株和短链脂肪酸；常有过量的嗜黏蛋白阿克曼菌、多尔氏菌属（可分解黏蛋白）和布劳特氏菌属（促炎）、假单胞菌属、嗜血杆菌属和甲烷短杆菌属菌株；往往患有肠屏障疾病（肠漏综合征）。

重点回顾

- - - ● - - -

＊如果您患有神经系统疾病或精神疾病，您应该进行体内微生物群落检查。这会让您明白您的肠道菌群是怎样构成的，以及您是否拥有足够的抗炎细菌来产生大量的短链脂肪酸，或者您的肠屏障是否存在间隙。

＊肠道屏障在维持人体精神和神经系统的健康中发挥重要作用。可用于检测肠漏综合征的标志物是连蛋白（Zonulin）和 α-1-抗胰蛋白酶（Alpha-1-Antitrypsin），检测对象通常是粪便。

＊炎症，主要是由肠道菌群失调或肠漏综合征引起的，在几乎所有衰老进程和许多疾病中都发挥作用，尤其是神经系统疾病和自身免疫性疾病。您可以在粪便检查中找到炎症标志物（例如钙卫蛋白），也可以在血液检查中找到炎症标志物（例如CRP）。

* 检查您是否携带幽门螺杆菌，有三种方法：呼气测试，血液中抗体的测定，或作为胃镜检查的一部分从胃中取出组织样本。通过呼气测试可以像使用组织样本一样可靠地检测到细菌，而呼气检查更容易。验血意义不大，因为即使感染已经痊愈，它仍然可能显示阳性。

* 检查血液中的维生素 B_{12} 水平。如果您日常饮食中缺少动物性食物或胃黏膜有慢性炎症，这一点尤其重要。

* 不要服用含有大肠杆菌菌株的益生菌制剂。

* 检查您的血液 TMA 水平。某些细菌，尤其是那些"腐败细菌"，能够形成 TMA，从而导致血管钙化和痴呆。可以通过血液检查确定 TMA 水平是否过高。如果您血液 TMA 水平过高，请减少日常饮食中的肉与蛋，并且不要服用任何含有左旋肉碱的膳食补充剂。研究表明，大蒜、橄榄油、葡萄籽油、香醋和红酒可以减少细菌 TMA 的形成。

* 为了保持健康，神经系统的防御细胞需要短链脂肪酸——丙酸和丁酸。两者也可以作为膳食补充剂。丙酸盐为丙

酸钠或丙酸钙，每日剂量为 500 毫克至 1 克。丁酸盐为丁酸钠，

日剂量为 600 毫克。然而，您不应该仅依靠短链脂肪酸的直接

补充，还应保证自己的肠道菌群之中有足够多能产生这些短链

脂肪酸的细菌。

GESUND

第6章

MIT DARM

癌症与微生物群落

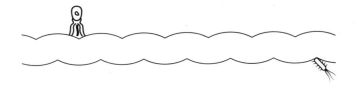

肠道和免疫系统，抗癌梦之队

癌症的机理非常复杂——生活方式、遗传和工作环境等诸多因素都会增加或减少患上这种疾病的风险。现在又增加了另一个不可忽视的因素：微生物群落的影响。就在几年前，如果有人建议使用益生菌来增强肿瘤治疗的效果，癌症专家会意味深长地付之一笑。而现在不会了。因为学界已经有了共识：肠道菌群既可以导致或预防某些肿瘤的发展和扩散，又可以阻碍或支持癌症的治愈。虽然在某种程度上这个研究领域仍处于起步阶段，但它显示出广阔的前景，可以有效地支持一些传统的或正在开发的疗法。

"我们的新研究结果指出了一个新的普遍原则，它将为我们更深刻地理解癌症的机理提供新视野，即我们将不再只将癌症归咎于遗传和环境问题，而将去思考体内微生物在这个过程中的重要作用。"以上发言来自基尔大学的细胞和发育生物学负责人托马斯·博施（Thomas Bosch），他在报道中还说："新的研究结果表明，微生物的相互作用也可以被视为一种癌症病因……在许多情况下，癌症并非来自某一特定的微生物感染，而是作为整个身体的保护屏障的体内微生物群落的丧失导致的。"

这些全新的研究为我们提供了一个全新的思考角度——我们也许可以将视线集中在癌症病患体内微生物群落的构成，以及由于癌症疗法（如化学疗法、伴随的抗生素疗法或新的免疫疗法）而改变的微生物群落是如何影响疾病的恶化和痊愈的。

肠道菌群疗法也许可以被我们当成许多癌症疾病的联合疗法之一。前文提到过，肠道菌群可以影响激素水平，保护细胞免受损伤，并促进免疫细胞攻击肿瘤。例如，与缺乏某种特定细菌的白血病患者相比，那些同样患有"血癌"的患者，因其肠道中含有特别多的黏液真杆菌，疾病的发展速度和复发概率都被降低了。

另外，那些肠道菌群受损的人，罹患肿瘤的风险更高。意大利的研究人员对此开展了 25 项研究，研究数据来自近 800 万位癌症患者。他们的结论是：长期服用抗生素可以被视为导致癌症的一个独立风险因素。数据之间的关联在肺、胰腺、乳腺和肾癌中更为显著。当然，对应的数据关联在其他癌症领域也是存在的。只是目前，肠道菌群的损害是如何同癌症产生如此强的相关性的，目前尚不清楚。但我可以在此斗胆做个假设：健康的肠道菌群能够减缓炎症，从而防止癌症的发展；健康的肠道菌群能激活我们的免疫系统，拦截致癌自由基，产生保护性抗氧化剂或脂肪酸，如丁酸盐，促进退化细胞的程序性凋亡。如果我们的肠道菌群向不利的方向变化，那么人体对肿瘤疾病的保护屏障也会减弱。

许多研究的结果表明，未来我们将有可能将微生物疗法纳入个性化癌症治疗中。

哪些细菌的寄生会影响罹患癌症的风险？

现在众所周知，多样化的肠道菌群不仅可以降低多种癌症的发病风险，（最近一系列的实验结果表明）还可以显著增强治疗的效果，从而提高康复的概率。此外，研究人员发现健康人和癌症患者的肠道菌群定植存在特殊差异。

各种乳酸菌似乎对癌症的治疗具有辅助作用。比如乳酸乳球菌，现在已经证明这种细菌能通过刺激所谓的杀伤细胞的活性来提高机体对肿瘤细胞的防御能力。然后这些细胞会做它们最擅长的事情，即与肿瘤细胞"缠斗不止"。细胞培养还表明，几种细菌菌株的组合可以激活"杀伤细胞"。这种能够强烈激活免疫系统的菌种组合为嗜热链球菌、长双歧杆菌、短双歧杆菌、婴儿双歧杆菌、嗜酸乳杆菌、植物乳杆菌、干酪乳杆菌和保加利亚乳杆菌。这里以双歧杆菌属的那些细菌为例，它们能显著抑制肠道肿瘤的生长和发育。这种细菌的抗肿瘤特性归因于它可以抑制某些癌症蛋白的活性。当癌细胞开始增殖时，它们也能对癌细胞的遗传物质（DNA）造成破坏。

有趣的是，有些细菌可以促进人体体细胞正常增殖过程中的DNA损伤，也有一些可以防止它发生。一方面，大肠杆菌和某些葡萄球菌等微生物能够破坏遗传物质的稳定；另一方面，其他细菌，如嗜热链球菌似乎更能保护遗传物质，因为它们能拦截攻击性分子（自由基）。

肿瘤与体内的微环境

我们总是强调，细菌凋亡机制对肿瘤的生长或抑制具有决定性作用，但我们似乎忘记了细胞们生存的环境也同样重要。毕竟不论是正常的组织细胞还是肿瘤细胞都不是单独存在的，它们需要嵌入我们的体内组织中。如果我们聚焦于微观世界，就能发现：在人体组织中有为细胞提供营养的血管、淋巴管以及脂肪细胞和结缔组织细胞，而它们并没有区分"好坏"的能力。从某种角度来说，我们体内的这种微环境对癌症细胞能否不受免疫系统的干扰而自由生长和转移，或者能否减缓它们的增殖，起着决定性的作用。

倘若有一种微环境能为癌症细胞长久地提供"保护"或者"补给"，它就可以被称为癌症微环境，或者肿瘤微环境。从某种意义上说，肿瘤微环境是癌症能否"正常"发育的重要基础设施。它们为肿瘤组织伸出"魔爪"，消耗人体宝贵的营养。换句话说，它们刺激新血管的形成，即所谓的癌血管生成。伴随着这条新补给线源源不断地将重要的营养输送给肿瘤组织，人体将越来越虚弱。也正因此，现代癌症医学试图通过阻止癌血管的萌发来切断肿瘤的补给线。

虽然肿瘤微环境似乎在肿瘤发生的所有阶段都发挥着重要作用，但好在根据研究，它可能会受到益生菌的影响。例如，益生菌能够减缓或阻止新的癌血管的形成。虽说肿瘤不会消退，但如果切断了它的补给线，它极难继续生长。

现在，学界公认，益生菌可以影响许多与癌症转移有关的机制。免疫细胞通常位于肿瘤附近，但它们往往无法攻击和消除肿瘤。动物研究表明，乳酸杆菌具备预防癌组织转移的能力主要是因为它们能对肿瘤微环境产生影响。例如，干酪乳杆菌能够抑制小鼠和豚鼠肺和淋巴癌的转移发展和生长。如果我们定期服用某些益生菌，人体的肿瘤防御系统有效性将得到显著改善。

抗乳腺癌转移的微生物群落

乳腺癌是最常见的女性癌症。尽管近年来，患者能选择的治疗方法更多了，生存概率也更高了，但在临床上，我们对乳腺癌仍旧只是一知半解。美国研究人员现在已经发现了菌群同乳腺癌病程之间的相互关系。

根据他们的研究，有大约三分之二的乳腺癌患者属于激素敏感性乳腺癌。她们的乳腺细胞具有刺激癌细胞生长的激素的受体，即对接点。不幸罹患这一种乳腺癌的病患临床症状不尽相同，她们中的有些人只有轻微的身体不适，有的则完全无法正常生活。但不管怎讲，这种癌症的早期病患均有继发性溃疡的症状。

健康的肠道菌群似乎对激素敏感性乳腺癌患者尤为重要。这一结论来自相关研究人员开展的动物实验。易患乳腺癌的小鼠肠道菌群被强效抗生素破坏后，乳腺组织很快就会发炎，并刺激肿瘤的形成和转移。受到干扰的肠道菌群使癌症的杀伤力更强。而作为对照组的那些具有完整肠道菌群的小鼠并未出现类似的症状。

除了多次多项的动物实验之外，还有研究人员将乳腺癌患者的粪便样本与作为对照组的健康人粪便样本进行了比较，结果显示乳腺癌患者肠道菌群的多样性确实更低。目前已经有几项研究能够证明，服用抗生素与患乳腺癌的风险略微增加之间存在联系，患者服用抗生素的时间越长、越频繁，这种联系越强——即使人类广泛应用抗生素疗法不过是近几十年之间的事。

微生物也能够利用它们的代谢产物来抑制乳腺癌的发展。首先就是前文已经多次提到过的短链脂肪酸，它可以影响癌细胞的自我毁灭程序（细胞凋亡），从而影响疾病的进展。浸润性乳腺癌细胞通常缺乏可用于触发细胞死亡和限制生长的"开关"，而丁酸和丙酸等短链脂肪酸可以将这些"受体开关"打开，诱发细胞的凋亡过程，从而将浸润性乳腺癌细胞重新编程为危险性较低的类型，显著降低转移的风险。在肠癌病患体内，这些细菌的代谢物也会降低肿瘤的扩散能力，并阻止肠癌细胞对其造成更大的损害。

乳腺癌患者体内常见那些可以直接干预雌激素代谢的细菌。所有能够产生雌激素的细菌都被称为"雌激素群落"。雌激素是对激素敏感的癌细胞的"食物"。治疗激素敏感性肿瘤的一个治疗原则就是：通过停止激素分泌来"饿死"它们。

内源性雌激素的分解通常发生在肝脏中。在那里，激素被转化为一种不能被消化道重新吸收，但能随胆汁进入肠道的物质。现在，激素的命运取决于它们遇到的细菌了。如果消化道中有许多能将被排出的雌激素转化为可吸收物质的细菌，那么它们将被人体重新吸收。在理论上，这可以再次刺激乳房中癌细胞的生长。梭状芽孢杆菌属细菌就是一个典型，它们可以为身体提供更多雌性激素。来自埃希氏菌属（例如大肠杆菌）和志贺氏菌属的细菌也含有这些酶。您可以通过医院的粪便微生物检查，确定自己体内这些雌激素细菌群落的定植情况，从而估计自己罹患激素敏感型乳腺癌的概率。

微生物保健贴士 ⚙️

　　乳腺癌患者通常缺乏双歧杆菌属、多尔氏菌属和毛螺菌科细菌，体内多见梭状芽孢杆菌和大肠杆菌。

　　服用乳酸乳球菌、嗜热链球菌、长双歧杆菌、短双歧杆菌、婴儿双歧杆菌、嗜酸乳杆菌、植物乳杆菌、干酪乳杆菌和保加利亚乳杆菌会有所帮助。

肠道菌群既可以成为肠癌的扈从，也可以成为肠癌的杀手

在德国，肠癌是第二常见的癌症。通常来说，家族遗传和典型的"西式饮食"（含有大量肉类、碳水化合物和少量纤维）会增加罹患这种疾病的风险。但根据目前正在进行的研究，我认为，未来肠道菌群的健康状况也会被视为同等重要的因素。与许多其他疾病一样，肠癌患者的粪便中也缺少能生产丁酸盐的细菌和丁酸盐。这意味着，肠癌患者的丁酸生产者太少，例如普氏栖粪杆菌或瘤胃球菌。前文已经提到过，如果缺少短链脂肪酸，细胞凋亡过程就不能被激活。如果细胞出现异常，就很难减缓它们不受阻碍地生长的趋势。

普氏栖粪杆菌是"食草动物"，它们从植物纤维中获取能量。因此，健康人体内普氏栖粪杆菌的数量较高可能也是其饮食习惯（含有更多纤维和植物性食物）的结果。另外，肠癌患者的粪便中通常含有过多的腐败细菌，例如柠檬酸杆菌。它们优先加工脂肪和蛋白质，并在适当的营养条件下繁殖。一种在事实上对人体很重要的细菌嗜黏蛋白阿克曼菌也在患者体内过量定植。这一现象不仅出现在肠癌患者体内，在前列腺癌患者体内也有类似的现象。

牙齿健康可降低罹患肠癌和动脉硬化的风险

　　细菌群落不仅生活在我们的肠道之中，口腔黏膜也是它们重要的栖息地之一。通常来说，有的口腔细菌可以保护我们免受蛀牙和牙周病的侵害，而有的则会促进上述疾病的病程。一种名为具核梭杆菌的细菌最近成为微生物群落研究人员关注的焦点。牙科专家们早在几年以前就意识到了这种细菌的存在，毕竟它们的

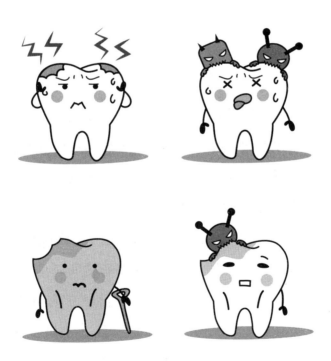

栖息地在口腔。通常来说，健康人的牙龈上和口腔内都能检测到少量的这种细菌。然而，在生活条件良好，但口腔卫生情况很差的情况下，就会出现具核梭杆菌的过量定植和传播，并导致牙周病和牙周炎，临床表现通常为牙龈萎缩和牙周炎症。在这种情况下，大量的细菌可以通过牙龈的小伤口进入血液或经由吞咽进入消化道，一路突进到大肠并在那里定居。但不论具核梭杆菌生活在口腔还是肠道，都会对我们的健康产生不利的影响。现在学界已经有了铁证，证明具核梭杆菌会增加流产、动脉硬化和肠癌的风险。

牙周细菌和肠癌之间的关联

具核梭杆菌与肠癌细胞狼狈为奸。在肿瘤组织中，它的检出率是健康肠道细胞的 79 倍。癌症细胞在转移过程中也会带走细菌，可谓不离不弃。肠道组织的原发肿瘤转移到了肝脏之后，在肝脏的菌群中也能检测出基因相同的具核梭杆菌。如果原始肿瘤细胞没有细菌伴侣，那么在继发性肿瘤中也不会检测出它们。

为什么口腔细菌与另一端的胃肠道肿瘤之间存在这种密切的共生关系？答案既简单又可怕：因为这对两者都有明显的好处。具核梭杆菌受益于肿瘤制造的酸性环境，可以在那里很好地定居。作为回报，细菌通过经典的化学疗法阻止程序性细胞死亡（细胞凋亡），从而保护癌细胞。这使得肿瘤细胞对抗癌疗法产生抵抗力。除此之外，具核梭杆菌等细菌还可以防止杀伤细胞消除敌对的癌细胞。因为细菌会阻断肿瘤上免疫细胞的重要对接位点（受体），所以免疫系统不再能对退化的细胞做出任何处理。

现在显而易见的问题是，抗生素是否可以摧毁肿瘤的细菌保护层？

是的，确实可以——但也只是部分可以。至少在动物实验中，用抗生素甲硝唑治疗可以使得肿瘤显著减小，但并不能使肿瘤完全消失。另一组小鼠作为对照组，被研究人员施以不同的抗生素——红霉素，因为细菌对这类抗生素具有抗药性，所以并未出现肿瘤明显变小的情况。

真正的问题在于，在抗生素面前，众菌平等。这导致了那些对人体有益的甚至是有保护性的细菌菌株也会被抗生素重创。此外，虽然那些对人体有害的细菌减少了，但根本做不到完全清除。因为，只要对具核梭杆菌有利的生长环境还存在，过不了多久，它们就会再次出现，继续传播。例如，如果患了牙周病却不治疗，细菌就会不断从口腔进入肠道，即便经历了抗生素的摧残，它们还是有机会卷土重来。此外，从其他癌症病例及其相关研究中也能看出，过于频繁的抗生素治疗可能会对癌症的预后工作产生明显的副作用。因为它们会损害肠道菌群。为了形成一个清晰的治疗理念，进一步的研究当然是必要的。但在那之前，根据目前的研究成果，我推荐如下程序，定制您个人的癌症预后方案：

* 定期检查您是否患有牙周病或牙周炎。如果患病，请一定要进行适当的治疗，并使用牙刷、牙线和漱口水保证口腔卫生。

* 如果在口腔和肠道中检测到过多的具核梭杆菌，应使用甲硝唑或其他对厌氧菌有效的抗生素进行治疗。目前的研究尚不能完全保证这一疗法对肠癌预后有作用，但至少这个方法能（暂时）有效地减少具核梭杆菌的数量。

* 为防止病菌再次传播，应同时支持健康肠道菌群的发育。这需要摄入益生元纤维和高剂量益生菌，饮食也应该转变为肠道友好型——更多信息请参见本书第9章"为您肠道菌群的健康借把东风"。

* 如果您正在服用质子泵抑制剂（一种胃药），请及时检查是否仍有必要服用它们。质子泵抑制剂会削弱胃中的"酸屏障"。荷兰科学家发现，这些药物会导致肠道菌群发生非常明显的变化，使得口腔黏膜中不被人体需要的细菌更容易在肠道中定植。

* 在化疗前或化疗期间进行微生物群落分析，确定您体内是否有具核梭杆菌。

干细胞移植的东风

对诸如白血病和淋巴瘤的血癌来说，治愈疾病的唯一方法就是将患者的造血和免疫系统全部破坏之后，另寻供体移植干细胞。这种干细胞移植是一种冒险的操作，对患者来说并非完全无害，因为新的免疫系统并不总是能毫无问题地融入身体。毕竟，人体免疫系统的唯一工作就是对抗任何可能对机体产生危害的外来物。例如，任何接受肾脏移植的患者都必须终身服用抑制免疫系统的药物，以免新器官受到攻击和排斥。

在干细胞移植中，人体被植入了一个全新的免疫系统。对那个崭新的免疫系统来说，新宿主的每个细胞和每个器官都是"外来的"。因此，免疫细胞有可能对受体采取大规模行动，并对其皮肤、肺或肠造成严重伤害。这种被移植器官对受体的攻击反应被称为"排斥反应"（GvHR）。直到最近，学界才知道肠道菌群有助于帮助新移植的免疫系统在体内适应，并阻止对"宿主"的攻击性行为。

最近有一项研究，研究人员一方面观察了人体内微生物群落因干细胞移植而发生的变化，另一方面试图确定哪些肠道细菌可能会降低发生排斥反应的风险。为此，他们采集了一些患者在不同时期的三种粪便样本，分别是新细胞被移植进体内之前、不久之后和 3~5 周后的粪便样本。在所有受试者的粪便中，保护黏膜的重要细菌（如双歧杆菌、粪杆菌或玫瑰杆菌）的多样性和数量最初都减少了，而大肠杆菌、链球菌等致病菌则增加了。研究人员在针对疾病过程的研究中确定了肠道菌群恢复的程度、速度与发生排斥反应的关系：一方面，如果肠道菌群持续缺乏多样性并且无法在短时间内再生，就经常发生严重的排斥反应；另一方面，如果体内微生物群落能够快速恢复多样性，那么患者出现排斥反应的概率就会大大降低。

其他研究表明，短链脂肪酸丁酸对此可能也有很好的保护作用，可以防止排斥反应。其机理大抵上同用于防止排斥反应的药物机理类似。

肠道菌群与癌症治疗

肠道细菌不仅可以控制肿瘤生长的开关，还可以决定治疗的成功与否。许多成熟的化疗药物，尤其是新的免疫疗法，通常只有在肠道微生物群落成熟且多样化的情况下才能有效对抗肿瘤。如果新开发的治疗方案不起作用，通常是由于肠道菌群的构成存在问题。显然，首先必须通过某些肠道细菌来为能够破坏癌细胞的免疫细胞提供支持。如果没有细菌"赶鸭子上架",免疫细胞就会继续懒惰下去,肿瘤就会扩散。

如果上述这些理论是正确的,那么以益生菌加强靶向药物活性,从而更好地对抗肿瘤应该是可能的。这也是目前学界研究的重点。迄今为止,关于癌症与肠道菌群之间联系的大部分数据都是从动物实验中获得的。以患有黑色素瘤的小鼠为例,如果受试动物的肠道中含有足够多的双歧杆菌,其痊愈的概率就会大大提高。肠道中的许多拟杆菌属细菌似乎也激活了人体自身对肿瘤细胞的防御。在动物实验中,当动物接受双歧杆菌和免疫治疗的混合疗法后,往往能观测到其体内肿瘤组织几乎完全停止生长。此外,研究人员还发现,如果把对免疫治疗反应良好的小鼠的微生物群落转移到那些肠道无菌并且对肿瘤特别敏感的小鼠身上,其因免疫治疗而出现的溃疡也会迅速缩小。

现在学界也已经有了人类癌症患者利用微生物群落辅助治疗的经验。这一点对现代癌症疗法来说尤其重要,因为其显然依赖于微生物群落的支持。"免疫检查点抑制剂"是近年来最新的、最有前途的免疫疗法之一,它可以撕去癌细胞上的屏障,使其暴露在免疫系统的面前。根据以往的研究经验,在肿瘤组织周围或者肿瘤组织内部发现大量免疫细胞并非什么蹊跷的事,真正蹊跷的是这些免疫细胞不会去攻击那些已经"堕落了的"人体细胞。

这个现象也证明：癌细胞实际上有一套机制，该机制可以减弱人体的防御系统，使免疫细胞"缺乏对肿瘤采取行动的欲望"。

免疫检查点抑制剂则可以打破该机制的平稳运行，但前提是得到合适的体内微生物群落的配合。目前，已经有越来越多的证据表明，抗生素对使用免疫检查点抑制剂治疗的癌症患者是不利的。在英国的一项研究中，有200名体内出现了癌细胞大量转移的肿瘤患者接受了这种新的免疫疗法。那些在上个月接受过抗生素治疗的患者，尽管得到了有效的治疗，还是平均在2个月内就撒手人寰。而那些在之前没有接受过抗生素治疗的患者，平均预期寿命超过了2年（平均29个月）。

免疫检查点抑制剂是在治疗黑色素皮肤癌（黑色素瘤）上前途无量的一种药物，因为它可以帮助免疫细胞识别肿瘤，在理想情况下永久对抗它。只是，由于一些尚未发现的原因，这种新疗法对四分之一的转移性黑色素瘤患者不起作用。因此，来自美国得克萨斯州休斯敦的一个科研团队检测了100多名黑色素瘤患者的粪便样本。他们发现那些拥有更多样化微生物群落并且体内还寄生了某些特定细菌的人，在理想情况下很有可能在免疫检查点抑制剂药物的帮助下永久摆脱黑色素瘤的困扰。他们认为，这些特定的细菌是长双歧杆菌、粪肠球菌和梭状芽孢杆菌。关于如何有针对性地增加这类细菌，从本书第243页起，您可以获得更多信息。

未来，在治疗膀胱癌、肺癌和肾癌等其他类型的癌症时，我们也应当更多关注肠道微生物群落的作用。根据目前的研究，那些体内含有大量嗜黏蛋白阿克曼菌的患者对这些疾病的免疫疗法反应更好。然而，在免疫疗法实施过程中同时使用抗生素的话，其治疗效果就会受到极大影响。学界在针对其他癌症的免疫疗法研究中也发现了类似现象。

胃癌，一种同样常见的癌症。现在学界普遍认为，不论患者是否接受了免疫疗法都应该尽可能避免抗生素的使用。他们还认为，除了抗生素之外，质子泵抑制剂一类的胃药也应当尽可能避免使用。原因在于，研究发现，这二者都会显著降低患者的预期寿命。在一项有1500多名癌症患者参加的研究中，那些在免疫疗法开始前30天和结束后30天既未接受质子泵抑制剂治疗也未接受抗生素治疗的患者预后最佳；而那些使用了这两种药物的，不论是单独使用还是联合使用，都明显出现了预期寿命的下降；尤其是那些两种药物都服用了的患者，他们的预期寿命最低。我认为，最重要的措施是在接受免疫疗法治疗之前停用这些药物，当然，应该先咨询主治医生。如果条件允许的话，请选择以免疫检查点抑制剂为代表的新型免疫疗法。它更高效，更安全。

那些可以为癌症预后提供帮助的细菌
- - - ● - - -

最先进的癌症治疗方案的有效性竟然同身体内的某些细菌的存在与否直接关联。乍一看，这个结论不是很容易被人接受。但如果我们将体内微生物的分解、转换和代谢能力纳入我们的考虑范围，这一联系就不再那么牵强了。在这里，你可以找到一些关于哪种益生菌和抗癌药物的组合能提高治疗效果的信息。重要提示：请在进一步行动之前，同您的主治医生进行沟通，以确定您摄入益生菌的量。

免疫检查点抑制剂疗法：在接受治疗的同时接种双歧杆菌，可显著增强抗肿瘤效果并提高康复概率。使用抗生素或服用质子泵抑制剂（治疗前 30 天和治疗后 30 天）会显著减弱免疫检查点抑制剂的有效性。由于体内微生物群落的影响，抗生素治疗甚至会使这种现代治疗方法无效。

铂类化合物（例如顺铂）的化疗：在接受治疗的同时接种乳酸杆菌，可以显著提高药物效果。抗生素则会降低药物疗效。

环磷酰胺：在体内微生物群落完整的情况下，这种化学治疗剂能更好地发挥作用。乳酸菌和肠球菌可以唤醒必需的免疫细胞，增强对肿瘤的免疫反应。研究发现，将乳酸杆菌或肠球菌与环磷酰胺一起服用，可显著改善抗癌免疫反应。抗生素使用在这里似乎也会适得其反。在动物实验中，研究人员发现，如果在治疗前对动物们使用抗生素，治疗效果就会大打折扣。

　　吉西他滨：如果肠道中有许多大肠杆菌、沙雷氏菌或克雷伯氏菌，治疗效果就会减弱。它们产生的细菌酶可以削弱药物的治疗能力。因此，不要将任何益生菌制剂与大肠杆菌一起服用！如果在您的肠道菌群中检测到过多的这些细菌，请使用抗生素杀菌。

　　易普利姆玛单抗：拟杆菌属细菌可以增强这类药物的疗效。通常来说，足够数量的拟杆菌属细菌可以在增强抗癌能力的同时降低肠道发炎的概率。您可以在本书第 244 页找到提升您体内拟杆菌属细菌数量的方法。

重点回顾
- - - ● - - -

人体在癌症预防和治疗方面都依赖体内微生物群落的帮助。以下是一些关于如何帮助肠道菌群的小贴士。

* 确保多样性：物种丰富的肠道菌群具有许多优势，有助于预防和对抗肿瘤。从本书第 210 页起，您能找到各种促进肠道菌群多样化的建议和方法。您也可以同您的主治医生讨论如何保护或构建您多样化的肠道菌群。

* 保护微生物群落：保持肠道细菌的多样性是几乎所有癌症治疗中的一个共同问题。化疗降低了物种丰富度，白血病的化疗甚至可以将体内细菌数量减少至原先的千分之一。某些细菌受到的打击尤其严重，研究表明其数量可足足减少至原先的万分之二以下。治疗癌症时伴随使用高剂量抗生素或可的松通常是必要的。但为了在治疗阶段保护微生物群落，在癌症免疫治疗之前或期间不服用抗生素或质子泵抑制剂似乎也是可取的。然而，这并不总是可以避免的。如果您的医生认为急需抗

生素，则应遵医嘱。

* **有针对性地补充益生菌**：通过有针对性地施用益生菌，将来有可能显著提高治疗的成功率，从而增加康复的机会。重要提示：不要在未咨询医生的情况下服用任何益生菌产品。在第 262 页的表格中，您将看到常见益生菌产品及其所含细菌菌株的概述。您可以将其视为某种初步指引。对那些正在接受干细胞移植或化疗期间免疫功能低下的患者而言，即使是益生菌，也有可能带来一定的风险。但在治疗开始前、治疗结束后，有时甚至在治疗期间，有针对性地供应益生菌通常是有用的。不过请一定要先咨询医生。

* **小心维生素**：确保所用益生菌制剂中未添加任何维生素。维生素（例如叶酸）或抗氧化剂（例如维生素 C、维生素 E、β- 胡萝卜素、硒等）可能会减弱治疗期间的治疗效果。

* **为细菌提供充足的食物**：一定要注意日常饮食的均衡及其对肠道的影响。重要的是益生元膳食纤维，如菊粉、抗性淀粉或果胶，可在水果、洋葱和所有类型的百合科葱属植物（如

韭菜、细香葱、大蒜）、燕麦片和豆类中找到。在第 223 页，我将会把能为细菌提供这种营养的食物放在一起。从第 242 页开始，我将解释如何专门促进或抑制特定的细菌菌株。

* **进行微生物群落分析：** 在未来，分析癌症患者的肠道菌群将变得越来越重要，这可以更好地评估疾病的进程，并可能为不同患者量身定制能促进疾病痊愈的合生元补充剂。

第7章

GESUND

MIT DARM

细菌与人体防御机制

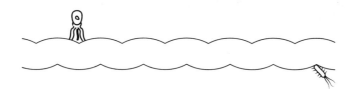

我们免疫系统的控制中心

　　我们的免疫系统很敏感：如果我们吃得不好、运动得少、患有慢性病、服用抗生素或接受化疗，它都会出现问题。老年人、上有老下有小的中年人、生活压力大的年轻人、体弱的孩子、竞技体育运动员……原则上，生活在当代社会的我们，几乎所有人的免疫系统都或多或少有毛病。而免疫系统羸弱，就意味着再也不能抑制炎症，再也不能抵御病原体的侵害，会间接导致各种疾病，加速衰老过程。因此，我们得想尽办法去增

强我们的免疫系统。在进行下一步行动之前，我们得先反思一下
自己的生活方式：日常饮食中是否有足够的蔬菜？有没有时不时
地出游或者放松？每天能不能抽出一些时间散步或者慢跑？思考
完这些问题之后，让我们来继续讨论肠道菌群吧。

健康的肠道菌群、充足的细菌营养和服用正确的益生菌已被
证明可以增强我们的免疫系统，预防感冒、流感和其他感染以及
过敏、自身免疫性疾病和老化。在某种意义上，我们身体防卫军
的最高司令部就在我们的肠道里。那些能产生抗体的魔法师、那
些能去对抗病原体侵害的卫士和那些能剿灭癌细胞的骑士，它们
有一个共同的名字——免疫细胞，而 70% ~ 80% 的免疫细胞生
活的地方正是我们体内诸多黏膜的下层。

在我看来，人体最大的防御器官不是脾脏、胸腺或淋巴结，
而是肠道。它是免疫系统的一个特别重要的控制中心。在这里，
肠道细菌与免疫细胞密切接触，增强它们抵抗感染的能力。与微

生物的不断对抗意味着身体的免疫系统始终处于警戒状态。而且免疫细胞不只停留在肠道中，还能通过诸多体内循环访问其他"兵站"，例如淋巴结，因此免疫信息也有了传递的机会。通过这种方式，健康和多样化的微生物群落不仅可以预防胃肠道疾病，还可以预防许多其他疾病。然而，如果肠道菌群受到干扰，免疫系统可能会被过度激活。然后免疫细胞就会产生更多的信使物质（白细胞介素），这些物质会在炎症中发挥重要作用。它可以激活迷走神经，让我们的大脑陷入混乱——比如让我们感到压力过大。然而，它们也可以通过体液循环进入体内每个器官并促进自身免疫过程，加速衰老或导致中枢神经系统产生不易察觉但具备永久破坏性的炎症。

益生菌使免疫系统更加活跃

我们的免疫细胞喜欢益生菌。如果一个孩子的体内有足够丰富的肠道菌群，那他得感冒的概率就更低，发烧和咳嗽的可能性也会更小。根据相关研究，那些必须坚持艰苦训练和比赛的运动员们在摄入了多样化的益生菌之后，感染易感疾病的概率也明显降低了。对老年人、需要轮班的工人和处于高度精神压力之下的普通人而言，适量摄入多种益生菌也可以对他们的免疫系统产生诸多好的影响。但并非所有益生菌都能增强我们的免疫系统，有些细菌显然比其他细菌更能为免疫细胞"煽风点火"。只有特定的几种细菌才能有效地产生几种特定的物质，从而刺激我们的免疫系统产生抗体。

比如说，连续服用植物乳杆菌和副干酪乳杆菌 12 周，可以显著降低得感冒的风险，还能降低其他疾病的感染概率，减少请病假的次数，或者使感染后的身体症状不那么明显。还有一项研究表明，由嗜酸乳杆菌、干酪乳杆菌、罗伊氏乳杆菌、双歧杆菌和嗜热链球菌组成的益生菌混合物，特别能刺激某些免疫细胞，甚至能够重新激活已经衰弱的部分免疫系统，减少肠道内的炎症。上述这些研究表明，益生菌不但可用作免疫系统的增强剂，还有可能在未来成为某些炎症的特效药。

肠道菌群与流感

流感年年来。我们其实可以为自己设置一个"流感闹钟"，通常来说，流感在每年 11 月下旬到来，在次年 1 月和 2 月达到顶峰，之后便自行消退。用句玩笑话说，现在冬天看见雪可要比看到发烧病人难多了。在此要提醒大家的是，我们现在所说的是"流感"，与偶尔的头疼脑热或普通感冒不是一回事。

2017—2018年曾经暴发过一场30年一遇的大流感。据罗伯特·科赫研究所的结论，单单在德国，那一场流感就夺去了2.5万多人的生命。第二年的流感浪潮虽然相对温和，但仍导致了380万人次就诊（2017—2018年那场流感的感染人数是其两倍）和4万名患者住院。

提前接种流感疫苗、蒸桑拿和均衡饮食当然是值得推荐的预防措施，但哪怕是接种流感疫苗，也不能保证100%预防疾病。为了确保自己的身体健康，我们必须去了解一种被称为1型干扰素的信使物质。这是一种由白细胞产生的组织激素，对防御流感病毒和其他病原体（例如冠状病毒）很重要，具有增强免疫系统、杀死病毒和肿瘤细胞的作用。以小鼠为实验对象的动物实验表明，那些能大量产生干扰素的小鼠在面对多种病原体侵袭时，能爆发出极大的抗感染能力。

服用那些对肠道菌群有益的益生菌补充剂也可以取得类似的效果，尽管它们并不能直接阻止病原体穿透鼻子或肺部的黏膜。因此，科学家们假设，也许有一种神秘的中介物质，能够促进干扰素的产生。于是他们开始在诸多细菌的代谢产物中寻找这一被隐藏起来的宝藏。最终功夫不负有心人，那种物质被找到了，它的名字叫作"脱氨基酪氨酸"。

　·　如果我们给肠道菌群定期喂食绿茶红茶、柑橘类水果、香芹、蓝莓和红酒中含有的某些植物物质，它们就会为我们生产这种奇妙的物质。小鼠实验证明了这一假设：在给小鼠服用1周脱氨基酪氨酸之后，其体内干扰素水平明显上升，再将其暴露在致命的流感病毒下，也往往能存活下来。但是有一点必须指出，那就是直接服用脱氨基酪氨酸所导致的干扰素水平上升并不能持续很久。

我们人体内脱氨基酪氨酸的主要生产者来自梭菌属。只要我们不去打扰它的工作，它们就会为我们的身体源源不断地提供脱氨基酪氨酸。但梭菌属细菌，尤其是圆环梭菌，对万古霉素和甲硝唑这两种抗生素尤其敏感。动物实验也显示，如果给小鼠提前服用了这类抗生素的话，其对流感病毒的抵抗力明显更低了，病程明显加重。只是目前尚不清楚，人体的病情是否也会因为使用抗生素导致肠道菌群受损而加重。但有一点可以确定，不论是人还是小鼠，干扰素都是一种十分重要的抗感染物质。换句话说，是时候把茶叶、柑橘类水果、香芹等对人体免疫系统大有裨益的食物放进您的日常食谱啦。

益生菌可提高疫苗接种有效率

益生菌能影响和改变免疫反应，甚至能影响疫苗接种的有效性。一项有安慰剂对照组的研究表明，在注射流感疫苗后服用鼠李糖乳杆菌 28 天可显著提高疫苗的抗病毒功效，并且没有副作用。

在计划接种疫苗前 1~2 个月服用含有有效益生菌的合生元效果更好。这种预处理可以进一步提高疫苗接种后的免疫反应并延长疫苗的保护时间。几位以色列的学者为此专门进行了研究，他们在为幼儿接种麻疹、腮腺炎和风疹疫苗前 2 个月，给实验组幼儿准备了定期服用的益生菌，为对照组幼儿准备了安慰剂。实验结果显示，在对照组中，有 17% 的幼儿没有产生足够的抗体，这意味着他们对相关流行病的抵抗力更差；在实验组中，只有 8% 的幼儿体内抗体不足。除此之外，还有一个现象，那就是实验组幼儿在接种疫苗之后出现的不良反应明显更轻。

其他研究显示，短双歧杆菌能提高儿童的免疫机能，帮助他们更好地抵抗严重感染和肠道疾病。有印度学者在当地安排了类似的实验，他们同样将预计在 4 周后接种霍乱疫苗的受试儿童随机分成两组，实验组儿童会在接种疫苗前定期补充双歧杆菌，对照组儿童将会接受安慰剂。同那些接受安慰剂的儿童相比，实验组儿童体内明显出现了更多能对霍乱弧菌产生作用的免疫细胞。这意味着，他们的身体能更好地预防霍乱感染导致的腹泻。

益生菌和益生元的均衡混合疗法显然代表了一种简单、廉价、无副作用，且能明显提高霍乱疫苗接种有效性从而预防霍乱的新方法。由于免疫系统需要一些时间才能被激活，所以请不要临阵磨枪，要未雨绸缪。尤其是老年人和幼儿，长期的合生元摄入对增强他们的免疫机能特别重要。毕竟，免疫系统能相当程度上左右一个人整体的健康状况。在此我建议，为了提高疫苗接种的成功率，应在接种疫苗前至少 6 周和接种疫苗后4~6 周持续服用益生菌。如果您想在寒冷的冬天免受流感的困扰，您可以从每年 10 月开始服用适当的合生元，并持续到次年1 月下旬。

微生物保健贴士

　　那些已被证明在增加免疫机能、激活免疫细胞和改善疫苗接种有效性方面特别有效的菌株包括：植物乳杆菌、鼠李糖乳杆菌、干酪乳杆菌、加氏乳杆菌、两歧双歧杆菌、短双歧杆菌和乳双歧杆菌、嗜热链球菌、嗜酸乳杆菌、罗伊氏乳杆菌和副干酪乳杆菌。

第 **8** 章

肠道，我们人体的药房

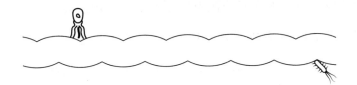

药物在人体内的代谢与微生物群落制药法

我们吃下去的药究竟能不能起作用，不仅取决于我们吃的量和频率，更取决于药物在我们体内的代谢过程是否正常。想要让药物中的活性物质真的发挥作用，必须克服诸多障碍。

第一道关卡就是肠道。一方面，人吃下去的东西能不能被人体吸收，完全取决于其肠道的通透性；甚至还有不少药物中的活性成分必须首先被肠道细菌加工，才能被人体吸收或对人体产生效果。另一方面，肠道中还有一些细菌可以抢在我们的身体之前直接代谢掉药物中的有效成分，减弱药效。但通常来说，药物中的活性成分只要能在肠道菌群的帮助下通过肠屏障（或者说，在肠道菌群的围追堵截下突破肠屏障），就能通过身体循环进入肝脏中，在那里经过酶的转化变成对人体真正有效的物质。至于转化的快慢，自然也受到诸多因素的影响。遗传因素、体内菌群产物的代谢因素，甚至日常饮食，都可能加速或阻碍这种转化。这里有个特别好的例子就是葡萄柚汁。这种略有苦味的果汁可以影响人体内多种肝酶的产生或代谢。因此，如果在饮用葡萄柚汁过程中（或者之后）服用药物的话，可能会对人体产生许多影响。根据药物种类的不同，其既有可能减弱药效，也有可能加强药效。

这些发现为未来的疾病治疗方法提供了一种全新的思路。按照这个逻辑，我们可以通过有针对性地施用某些物质强化药物的疗效或者减少药物的副作用。而这些物质甚至可以是某些日常的蔬菜水果。要知道，倘若我们只是把目光局限于某种特定药物而忽略我们肠道中生活着的数以百万计的细菌的话，必然是狭隘的，结果甚至可能同我们预计的相去甚远。

降胆固醇药物与肠道菌群

通常来说，一个人体内胆固醇的含量越高，罹患动脉硬化的风险就会越大。如果在改变饮食结构后仍无法降低体内胆固醇含量的话，按照常理，能起作用的恐怕只剩降胆固醇药物了。也因此，降胆固醇药物成为全球最畅销的药物之一。

他汀类药物是中欧地区最常用的降胆固醇处方药。它们能阻断一种名为 HMG-CoA 还原酶的酶的生成，从而阻止胆固醇的合成。由此导致组织细胞缺乏胆固醇，从而迫使细胞去利用在血液中游离的胆固醇。人们服用他汀类药物的目的不言而明：通过药物的辅助降低血管内的胆固醇水平，从而提升保护性高密度脂蛋白在血液内的百分比含量。只是，他汀类药物并非没有副作用。许多患者在服用他汀类药物之后，会抱怨药物副作用带来的肌肉疼痛明显影响了他们的日常生活。甚至某些患者在服用了他汀类药物之后，根本没有出现预想中的胆固醇水平下降。

要解释这种情况，我们还是得将目光重新转移到肠道菌群身上。严格来说，我们服用的他汀类药物其实根本不能降低体内的胆固醇含量，又或者说它们在这一方面能发挥的作用微乎其微。原因在于，他汀类药物本质上是一种能真正降低胆固醇水平的活性物质的前体。这意味着，这些药物必须经过我们身体的加工之后才能被转化为能被人体有效利用的物质。而在这个过程中，肠道菌群发挥的作用不可小觑。甚至可以说，这一加工过程的快慢在相当程度上取决于我们肠道菌群的状态。

上述说法已经有了实验证明。在中国，几位研究人员为 64 名血脂明显偏高的实验志愿者准备了降胆固醇的他汀类药物。根据他们对药物的反应，研究人员将患者分为两组。第一组由那些身体对他汀类药物更为敏感，胆固醇水平下降速度更快的患者组成，他们平均只接受了4个星期的治疗就已经将胆固醇稳定在了正常水平。第二组患者则恰恰相反，他们中甚至有不少人在接受了8个星期的药物治疗之后，胆固醇水平仍未明显下降。研究人员对两组患者肠道内的微生物构成都进行了分析，证明了他汀类药物有效性与患者肠道中微生物多样性之间的联系：多样化和健康的肠道菌群有助于患者在服用他汀类药物后，将胆固醇水平迅速降至安全范围。除此之外，那些体内大量寄生乳杆菌属细菌（如乳酸杆菌）、厚壁菌门的细菌和各种产生丁酸的细菌（如瘤胃球菌、毛螺菌）的患者，往往也会有更好的治疗效果。

根据前文的信息，想必您一定能猜到抗生素对他汀类药物代谢的影响。有研究人员为此还专门做了动物实验。首先，研究人员长期给实验室小鼠提供高胆固醇的饮食，然后将其分为两组，分别为实验组和对照组。研究人员利用抗生素将实验组小鼠的肠道菌群杀灭，之后对实验组和对照组小鼠施用同剂量同种类的他汀类药物。实验结果不言而喻：实验组小鼠从他汀类药物中获得的收益相比对照组要小得多。

与之类似的现象也出现在人类身上。前文已经提到过，在抗生素面前，众菌平等。这意味着，如果患者接受抗生素治疗，其体内微生物群落的构成也会发生变化——细菌数量减少，多样性暂时丧失。最新的研究表明，这些患者对他汀类药物的敏感性也会产生程度不一的下降，其程度取决于服用的抗生素类型和时间。那究竟会下降多少呢？量化研究表明，因为抗生素的缘故，他汀类药物的有效性会下降 35% ~ 60%。这确实令人难以置信。

由此，我们可以大胆推测，长期的抗生素治疗极有可能会使他汀类药物无效，并可能带来致命的后果：如果在服用他汀类药物期间接受抗生素治疗，患者很有可能完全意识不到自己的胆固醇水平已经超过了警戒线；如若放任这种情况继续下去，患者很可能出现不可逆的血管损伤和危及生命的突发性心脏病。

甲状腺素也需要微生物的激活

在本章之前，我们已经谈到过肠道菌群同我们身体激素之间的关系。想必您也已经知晓，肠道中的微生物对激素平衡有巨大影响。如果我们给啮齿类动物服用一种能严重杀伤肠道细菌的广谱抗生素，其甲状腺功能也会受到影响，而且这种变化很快就会显现出来。根据最近的一项研究，只要对小鼠施用广谱抗生素2~3 天，就会明显观测到其甲状腺生产的甲状腺激素减少，激素水平下降。

大多数甲状腺激素以非活性甲状腺素（T4）的形式产生。这意味着，如果人体想要其发生作用，就必须先将其转化为具有活性的形式（T3）。我们日常所说的甲状腺药物的主要成分也就是这种甲状腺素（T4）。通常来说，健康的肠道菌群可以负责20%左右的T4—T3转化工作。而受到了干扰的肠道菌群就极有可能无法胜任这一工作，这可能导致典型的甲状腺功能减退症状。甚至许多患者在服用了药物之后，病况也不会有明显的改善。这很可能是缺乏能辅助人体进行激素转化的肠道细菌所导致的。在这种情况下，医生们唯一能做的事情就是为患者提供更高剂量的甲状腺素，尤其是患有胃黏膜慢性炎症或由幽门螺杆菌感染导致的胃病的患者，他们对甲状腺素的需求要比正常人多至少30%。他们在患病期间，因为胃肠功能不够完整，做不到够快够好地吸收药物。但如果服药期间这些患者的肠胃病痊愈了的话，其对甲状腺素的需求量就会出现明显的下降。换句话说，如果您也是必须服用甲状腺素的胃肠病患者的话，请尽可能多地去关注您的甲状腺素水平。这类激素一旦过量，就很可能出现诸多对人体不利的影响。您可以在我的《甲状腺的力量》一书中找到相关信息，在此不再赘述。

口腔微生物群落也可能导致偏头痛
- - - ● - - -

我们的口腔微生物群落具有代谢药物或食物成分的功能，这一功能在有些时候也会导致偏头痛发作。我们的口腔中生活着许多可以将食物中的硝酸盐转化为亚硝酸盐的细菌，这些细菌尤其广泛存在于偏头痛患者口腔内。从药物动力学上讲，亚硝酸盐可以扩张脑血管，引起偏头痛。美国加州的研究人员在一项实验中比较了偏头痛患者和健康人群的口腔菌群差异，他们发现偏头痛患者口腔内明显存在更多能将硝酸盐转化为亚硝酸盐的细菌。

要知道，硝酸盐存在于许多蔬菜中，例如甜菜、萝卜、菠菜、芝麻菜和其他绿叶菜。硝酸盐还被用于保存肉类和香肠。硝酸钠和硝酸钾是合法的食品添加剂。如果您在食用含硝酸盐的食物数小时后就出现了偏头痛，您应该去看牙医，检查您的口腔菌群构成。如果您的口腔菌群构成确实出现了某些问题，可以选择含有益生菌的漱口水或者口香糖。

微生物群落的作用可不止于此

在治疗心力衰竭的病人时，医生们往往会选用一种含有毛地黄植物活性成分的洋地黄类药物来提高患者的心率。但根据他们的临床经验，如果患者肠道内有迟缓埃格特菌的话，洋地黄类药物的效果很可能就会大打折扣。这是因为在一种酶的帮助下，迟缓埃格特菌可以明显阻碍洋地黄类药物发挥作用。临床上，也有越来越多的医生开始选择在为患者施用洋地黄类药物之前，先用抗生素消灭这种细菌。但不得不承认，这只不过是一种治标不治本的方法。如果您知道自己的体内有寄生这类细菌的话，请在日常食谱中多加入一些优质蛋白，或者服用一些精氨酸膳食补充剂，为您体内的蛋白质生产提供原料。除此之外，精氨酸还可以使这类细菌的生存环境恶化，使其无法影响药物活性。但如果您患有心脏病的话，请先同您的主治医生沟通，再决定是否服用精氨酸类膳食补充剂。

胺碘酮是一种用于治疗心律异常的药物，但在过量服用的情况下，可能会有危及生命的副作用。如果我们体内有足量的某些益生菌的话，这种因为药物过量而产生的危险就有可能避免。如果您在服用这些药物的同时，不小心摄入了含有大肠杆菌的膳食补充剂，身体对这种药物的吸收效果会提升约 40%，此时哪怕您只是遵医嘱服用，也有可能产生药物过量的风险。

左旋多巴是一种被广泛应用于帕金森病治疗的药物。这种药物可以在肠道中被人体吸收，进而替代大脑中缺失的神经递质多巴胺发挥作用。临床上，总有医生发现有很多患者在摄入左旋多巴后药效不明显，或者有的患者需要非常高剂量的药物才能达到临床所要求的最小效果。已经有不少研究人员建议医生们去检查患者是否感染了幽门螺杆菌。这种细菌会在药物进入胃时改变药物的分子结构，使其不能被很好地吸收。如果用抗生素消灭感染人体的幽门螺杆菌，左旋多巴的吸收就会得到明显改善，减少药物剂量也能见效。但在这个过程中我们必须牢记的是：在抗生素面前，众菌平等。它们在剿灭病原菌的同时，也会杀伤我们健康的肠道菌群。尤其是对帕金森病患者而言，一个健康的肠道微生物环境同一个称职的医生一样重要。因此，我的建议是，在长期抗生素治疗的每个疗程后，都应该用大剂量的合生元来重建您的肠道菌群。您可以在第 262 页找到更详细的信息。

任何感染了二甲基梭菌而出现明显的肠胃不适，或者在肠道中携带许多此类细菌而没有出现症状的人，都应该远离乙酰氨基酚（扑热息痛）。这种细菌的代谢产物可以抑制对乙酰氨基酚的分解，令患者即便服用正常剂量的乙酰氨基酚也可能发生中毒或危及生命的肝损伤。

第9章

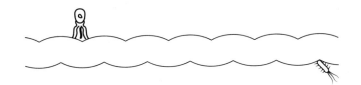

为您肠道菌群的健康
借把东风

促进肠道菌群的多样化

如果我们非要让一个从事肠道菌群研究的科学家用一个词形容健康的肠道菌群，我想他首先想到的词一定是——"多样化"。人体是否健康的先决条件是肠道菌群种类的丰富度。那么问题来了，我们要怎么做才能促进多样化的肠道菌群发育呢？

在对类人猿的研究中，研究人员发现，与外界环境和不同个体的充分接触是十分重要的。这一点在我们人类身上也成立。那些拥有大量朋友和熟人圈子的人往往拥有更多样化的微生物群落。人与人之间的每一次握手、每一次拥抱甚至每一次面对面的谈话，都伴随着大量的微生物交换。通常来说，我们每人每小时可以向外界环境释放大约 100 万个细菌，同时还能从环境中吸收大量细菌。这同样适用于长途旅行者，尤其是当他们尝试特色菜看并与当地人交往时。然而，新的、未知的细菌有时会导致胃肠道疾病，即我们常说的"水土不服"。

多样化的肠道菌群发育的基础就是均衡饮食。我们首先需要思考的是，自己的每日食谱中是否有足够多的植物性纤维。豆类、蔬菜、树上长的水果、灌木结的浆果、全谷物产品、发酵乳制品（酸奶、乳酪），或酸菜之类的发酵蔬菜，应当成为我们餐桌上的常客。有时候，发酵乳制品也可以用一些非动物性乳制品代替，例如椰子、大豆或杏仁酸奶，因为它们也是在乳酸菌的帮助下发酵的。

要尽可能少地服用抗生素、泻药和胃酸阻滞剂，不要过于频繁地使用消毒清洁剂，也不要长期保持低纤维饮食，同时掌握面对压力、焦虑和抑郁的方法。如果可以的话，请尽可能选择顺产而不是剖宫产，选择母乳喂养而不是奶粉喂养。

日常饮食和肠道菌群护理

在一项研究中，日常以汉堡包、炸鸡和薯条为主食的非裔美国人同那些更喜欢传统非洲饮食的黑人交换了他们的饮食。在短短 14 天内，日常饮食互换的两组人的肠道菌群发生了根本性的变化，这让他们很快适应了全新的营养条件。对那些生活在汉堡和炸鸡包围之下的非裔美国人而言，木薯粥、芭蕉和扁面包确实是更好的食物。在新食物的帮助下，他们肠道菌群的多样性得以提升，尤其是那些能产生短链脂肪酸的细菌的数量更多了。而对那些生活在非洲的传统黑人来说，新食谱带来影响就是负面的了，他们的肠道菌群开始朝着不利的方向一路狂奔。

已经有不少研究人员关注过日常饮食同肠道菌群之间的相互关系。他们的研究结果令我们感到兴奋，因为那些高深的理论可以很轻易地应用到日常生活中。在此帮助下，我们可以为体内微生物群落的均衡做很多实事，让我们永葆青春，长命百岁。

前文已经提到过，我们身体中许多必要物质的合成实际上是由肠道菌群完成的，而它们究竟能合成什么样的东西，完全取决于我们给它们提供了什么。换句话说，我们可以通过日常饮食部分影响我们身体必要物质的合成过程。脂肪、蛋白质、多酚、粗碳水、精制碳水，以及其他植物性物质，都可以不断影响我们的肠道菌群。微生物在新陈代谢过程中制造的东西可能有用也可能有害。如果我们常吃粗粮，即富含抗性淀粉或纤维素的不易消化的碳水化合物，那么我们的好"室友们"就会用它们来生产短链脂肪酸（丁酸盐和丙酸盐）。我想您应该已经知道了短链脂肪酸对我们的健康有多重要。

精氨酸是一种广泛存在于肉类、大豆、坚果和鱼类中的氨基酸，能被肠道菌群代谢为多胺，其中一种十分重要的代表是亚精胺。这种多胺不仅可以保持肠道细胞健康并防止炎症发生，还具有延年益寿的惊人能力。详情已在本书第 2 章中叙述过，此处不再赘述。

色氨酸是一种广泛存在于多脂鱼、豆类、腰果和花生等中的氨基酸，它会将我们的肠道细菌代谢为吲哚。这可以加强肠道屏障，降低患某些癌症的风险，并调节我们的免疫系统。

但正所谓水能载舟亦能覆舟，我们的日常饮食也可能对肠道菌群乃至我们的肠道产生非常不利的影响。铁离子广泛存在于食品添加剂和红肉中，是一种可以对肠道菌群的构成产生不利影响的微量元素。通常来说，烟民和嗜酒者体内会含有过多的铁离子。过量的铁离子似乎会增加肠道屏障的通透性，促进包括沙门氏菌在内的潜在病原体在肠道定植，并增加罹患肠癌的风险。

在此还必须指明的是，端上桌子的是不是一桌好菜，确实取决于"食材"是否得当，但更取决于"厨子"是谁。为了在任何年龄段都能保持强健、活力和效率，我们在日常生活中必须养成肠道友好型饮食习惯和生活方式，保证自己的肠道环境适合培养合适的细菌。我将

在接下来的几页详细为您介绍当前关于肠道菌群的科研进展，以及适合大多数人的肠道菌群优化方案。

选择正确的蛋白质和脂肪

蛋白质是我们食物的重要成分，在典型的"西方饮食"中，蛋白质并不稀缺，而是过剩。饮食中蛋白质和脂肪过多会使一种被称为"腐败菌"的细菌过度生长。

在人体对动物蛋白的加工过程中，腐败菌会产生氨等有害物质。这会对肠道和肝脏造成压力。肝脏负责分解有毒物质，包括肠道细菌产生的氨。如果肠道内的腐败菌过多，长此以往，肝脏就会不堪重负，为自己产生的解毒物质所伤害。这种长期的超负荷最终会造成一种名叫非酒精性脂肪肝的疾病。

一方面，只要我们能减少日常饮食中动物性蛋白质的摄入，就能改变适合腐败菌繁殖的肠道环境。腐败细菌越少，肝脏负荷也就越小。另一方面，来自豆类、坚果、杏仁和芝麻、亚麻等的种子的植物性蛋白似乎对微生物群落的构成产生了相当积极的影响。除了蛋白质，这些食物还含有益生元纤维和有价值的多酚。研究显示，植物蛋白的摄入可促进益生菌数量的增加，例如双歧杆菌、乳酸菌、罗氏菌、直肠真杆菌和瘤胃球菌；并促进拟杆菌属和梭状芽孢杆菌属细菌数量的减少，这可对肌肉和骨骼健康等产生积极影响。

某些脂肪，尤其是香肠、奶酪中含有的饱和脂肪和猪肉、猪油、葵花籽油、小麦胚芽油、红花籽油中含有的 Omega-6 脂肪酸，会促进肠道菌群朝着对人体不利的方向发育。除此之外，如果我们的日常饮食长期充斥快餐和即食食品，就会导致肠道中那些能引起炎症和破坏肠屏障的细菌快速繁殖。

广泛存在于多脂鱼类（鲑鱼、鲭鱼、鲱鱼）和植物油（亚麻籽油、菜籽油和核桃油）中的 Omega-3 脂肪酸是一种更好的选择。有益健康的乳酸菌、双歧杆菌和嗜黏蛋白阿克曼菌在摄入 Omega-3 脂肪酸的情况下生长良好。

膳食纤维，让您的生活更加甜蜜，更加美好

膳食纤维是一种广泛存在于植物中的营养成分，难以被我们体内的消化酶吸收，因此往往能不发生任何变化地抵达我们的大肠。之所以现代营养学将膳食纤维视为一种十分重要的营养元素，是因为其在很大程度上能作为一种细菌食物，为身体提供更利于

益生菌发育繁殖的环境。作为回报，益生菌将为我们提供它们的代谢产物。这些代谢产物又会使我们的身体产生更多抑制食欲的激素，减少糖和胆固醇的吸收。正是通过这种方式，膳食纤维实现了"曲线救国"，为我们的健康做出贡献，其成果就是一个人肥胖、糖尿病和高血脂水平的患病风险降低。

一项研究表明，当啮齿类动物摄入高脂肪和高糖饮食时，它们的新陈代谢值会如预期的那样恶化。但是，如果研究人员能在此过程中给予小鼠更多的膳食纤维，如益生元亚麻籽纤维，这些负面影响就可以得到缓解。研究表明，广泛存在于水果、蔬菜和谷物的膳食纤维如果被长期纳入一个人的日常饮食之中，就可以改善其代谢参数，确保其体内微生物群落的多样性。那种包含了许多即食食品、快餐和软饮料的典型"西式饮食"，则起着完全相反的效果。该现象不仅出现在动物实验中。

好在，我们体内的微生物群落并不"小肚鸡肠"。它完全能原谅我们一次两次的放纵和犯错。毕竟德国有句老话，一次不算数。如果我们的日常饮食中包含大量的膳食纤维，时不时吃一块炸肉排配上薯条或甜甜的蛋糕，也无伤大雅。因此，我们每个人每天都应该摄入至少 30 克膳食纤维，多多益善。只是大多数人离这个目标还有不小的差距：根据德国的消费调查，如今德国人平均每人每天只能获得 20 克左右的膳食纤维。三分之二的男性和四分之三的女性没有达到重要的 30 克标准线。我在此提醒：
各种坚果、种子（亚麻籽）、豆类（蚕豆、豌豆、小扁豆）、浆果
和全谷物产品的膳食纤维含量特别高。

益生菌，您肠道花园的园丁

碳水化合物在滋养微生物群落方面发挥着重要作用。它们基
本上可以分为两类：易消化的，如糖或非抗性淀粉；不易消化的，
我们也称之为粗粮。虽然我们更喜欢易消化的碳水化合物，如小
熊软糖或蛋糕，但那些寄生在我们肠道中的"贵客"觉得粗粮更
合胃口。

我们将益生菌最喜欢的食物称为"益生元"。益生元，顾名
思义，是对生命有益的元素。这个词也可以简单理解成"细菌食
物"或者"肠道菌肥"。它的功能就是促进健康、有用的细菌在
人体内发育，并抑制肠道不需要的细菌生长。这意味着，那些长
期依赖低纤维食物的人，其消化道中的细菌多样性势必高不了。

益生元的种类名之复杂一定能让您想起午后昏睡的化学课，
比如说低聚果糖、乳果糖、菊粉、D-甘露糖和低聚半乳糖，这
些物质能确保肠道环境呈酸性，从而成为益生菌发育的绝佳场所。

益生菌还可以从这种细菌食物中获得必要的能量，生成信使物质，使我们变得更健康和更有活力，甚至在一定程度上能够舒缓压力。那些不被我们身体需要的细菌往往也不需要这些"细菌食物"，也不会在酸性肠道中茁壮成长。当您每日摄入大量膳食纤维之后，您就成了优秀的肠道细菌宿主，您体内有害细菌的数量减少也就不足为奇了。

难消化的膳食纤维对肠道菌群的影响现在已经得到了很好的研究。研究者改变实验对象的益生元摄入量后，发现其肠道菌群的构成在几天内就发生了可测量出的变化。这意味着，我们真的需要大量摄入这些对我们百利而无一害的物质。只是，在大多数人的肠道中，天堂很远，零食很近。容易消化的碳水化合物，换句话说，就是快餐、蛋糕和白面包，对大肠或者小肠菌群没有任何帮助作用。为什么？因为这些物质早就被身体吸收了。这就是为什么只有上述益生元才能进入大肠。您可以在本书第223页找到这种细菌所需物质存在于哪些食物中。

富含益生元的食物很多，这其中包括那些不经常出现在中欧普通家庭餐桌上的食物，比如我前文中提到过的欧洲防风草、菊芋、木薯根或婆罗门参，但也有不少十分常见的食物，如燕麦片、浆果、苹果、茶、咖啡、菜豆、扁豆、洋葱和菊苣。可别忘了亚麻籽。根据一项研究，每天食用一汤匙亚麻籽，仅需6周时间，肠道中 33 种有益细菌的数量就会显著增加。如果您喜欢甜食，也可以使用蜂蜜或龙舌兰糖浆代替蔗糖。研究显示，这两种产品中都含有不少益生元。另外，您应该避免使用糖精等人造甜味剂，因为它们会对菌群平衡产生不利影响。杏仁也是很好的细菌食物。为什么不尝试用甜杏仁酱替代巧克力榛果酱涂面包呢？如果您感兴趣的话，您可以翻阅我的另一本书——《瘦肠食谱》，里面记录了不少有趣的食谱。

抗性淀粉，肠道菌群的良药

大量研究结果表明，各种益生元膳食纤维，如菊粉、果胶、抗性淀粉和其他植物性物质，如多酚，可以做到有选择性地培养一些细菌，抑制另一些细菌。这种研究的结果对我们普通人而言是十分明确的：任何形式的单调饮食都会导致肠道生态系统中的生物多样性减少。所以，为了您的身体健康，在您拿起刀叉之前，稍微思考一下吧。

抗性淀粉是一种特别有价值的益生元，因为它可以被各种微生物代谢，增加丁酸盐产量，帮助丁酸盐生产菌在我们肠道中定植。这并不是一种十分难得的灵丹妙药。在冷土豆、冷面条和冷米饭里，抗性淀粉比比皆是。这些食物在加热后冷却，其中一部分淀粉类物质就会发生改变，进而更好地抵抗肠道上部的消化。

最后，这些抗性淀粉可以大量地到达大肠，成为细菌的食物来源。您可能会说，在您的生活中似乎很少有人会专门吃冷掉的米饭和土豆。但请您别忘了，很少有人能拒绝日料馆里香喷喷的土豆沙拉和美味寿司。

为了打造更加健康的肠道环境，您应该每天摄入 10~15 克抗性淀粉。但就平均数而言，绝大部分人每日摄入的抗性淀粉只有 5 克左右。那些对人体尤其重要的保护性细菌，如普氏栖粪杆菌和嗜黏蛋白阿克曼菌，可以在抗性淀粉充足的条件下，发育和繁殖得特别好。这类益生元也可以通过膳食补充剂进行补充。这虽是个好办法，但我们不应该只依赖它，日常饮食才是重中之重。

富含抗性淀粉的食物

每100克食物的抗性淀粉含量（单位：克）
（数值可能存在少许化验误差）

煮熟的白米饭（热）	2
煮熟的白米饭（冷）	3.5
煮熟的糙米饭（热）	3
煮熟的糙米饭（冷）	5~6
煮熟的土豆（热）	3~5
煮熟的土豆（冷）	6~10
土豆淀粉	60~80
玉米淀粉	60
刚出炉的白面包	1~3
冷冻一个月的白面包	7~8
全麦面包	1
粗黑麦片	5~9
黑麦面包	3~5
黑豆	10~11
腰果	12~13
烤花生	4~5
燕麦片（生）	8~15
玉米糊	2~6
熟香蕉	0.5~4
未成熟的青香蕉	8~12

　　推荐您购买尚未完全成熟且仍为绿色的香蕉。每 100 克青香蕉最多可提供 12 克抗性淀粉，而成熟的香蕉最多只能提供 4 克。如果您不喜欢生的青香蕉，也可以将之与酸奶混合做成香蕉酸奶奶昔。在保持低碳水化合物饮食的情况下，您可以将 1~2 汤匙土豆或者玉米淀粉溶解在水中服用，以增加您日常摄入的抗性淀粉。

　　菊粉是另一种对乳酸杆菌和双歧杆菌发育和定植有极大帮助的益生元。您可以在许多食物（见下页）和膳食补充剂中找到这种细菌营养物。但是，如果您患有果糖不耐症，则应谨慎使用含有高剂量菊粉的膳食补充剂，否则会有肠胃胀气的风险。但对其他人来说，菊粉是肠道菌群的福音。

　　对人体而言，益生元膳食纤维的有利影响不仅作用于肠道菌群，阴道和泌尿道中的微生物群落也会受到它们的影响。饮用越橘汁或蔓越莓汁，作为一种治疗复发性尿路感染的家庭疗法，现已得到科学的解释和论证：它们所含的益生元 D- 甘露糖可以保护膀胱和泌尿道免受病原体的侵害。

从哪里能找到专门提供给肠道菌群的
营养品呢?

- - - ● - - -

市面上不乏各种各样的营养配方和膳食指南,它们会告诉您什么东西不能多吃。但这次,让我来破个例,斗胆向您推荐一些应该多吃的食物。您的肠道菌群会因此对您充满感激。

菊粉:菊苣、朝鲜蓟、大蒜、洋葱、韭菜、野蒜、龙舌兰糖浆、细香葱、黑婆罗门参(冬芦笋)、芦笋、菊芋、欧洲防风草、菊苣根(如菊苣咖啡、菊苣根沙拉)、雪莲果糖浆(这是一种取材自南美雪莲果的天然植物性甜味剂)、菊苣或菊苣根磨成的粉末中菊粉含量特别高。此外,香蕉、麦麸和黑麦粉中也含有少量菊粉。

低聚果糖:黑麦、燕麦、洋葱、大蒜、香蕉、西红柿、芦笋和啤酒中的低聚果糖含量特别高。

抗性淀粉:未成熟的青香蕉、去籽燕麦片、白豆、红豆和青豆、豌豆、小扁豆、大麦、冷土豆、冷米饭、燕麦全麦面包、

燕麦片（煮熟后冷却）、小米、木薯根、白面包。

果胶：水果果皮和蔬菜中的果胶含量特别高。

乳果糖：常见于热牛奶和乳制品中。

D-甘露糖：蔓越莓、树莓、蓝莓、鹅莓、红醋栗和黑醋栗、橙子、杧果、苹果、桃子、西红柿、豆类、羽衣甘蓝、茄子、卷心菜、西蓝花、辣椒。

含有其他具有益生元特性物质的食物：杏仁、奇亚籽、亚麻籽、蜂蜜、绿茶、石榴籽、石榴汁、蔓越莓和蔓越莓汁、黑巧克力、咖啡、苹果皮、红酒、啤酒、大麦。

多酚和肠道菌群

除了益生元膳食纤维之外，植物性食物还能为我们提供其他有益于肠道的营养成分。让我们对水果、蔬菜、黑巧克力、浓缩咖啡、果汁、红酒等美味食物垂涎欲滴的关键是它们所含的一种保护性物质——多酚。

大量研究表明，这种物质可以延缓衰老，降低动脉硬化、糖尿病以及骨质疏松症的得病风险。对我们的肠道菌群而言，多酚扮演的角色更像是一个"清道夫"。它能促进理想细菌的生长，同时抑制有害细菌的定植。但是，超过90%的多酚都不能为人体消化道所吸收，这意味着人体只有在肠道菌群的协助下才能充分利用这类有机物。因此，只有那些拥有健康和完整肠道菌群的人才能充分地利用这类保护性物质。好在多酚和微生物群落之间的关系并不是单向的：如果我们经常用多酚和其他益生元喂养肠道菌群，肠道环境会缓慢而稳定地朝着积极的方向变化。因为这些健康的植物性物质为我们肠道细菌的发展提供了重要动力。

多酚常见于羽衣甘蓝、西蓝花、新鲜浆果和全麦面粉中。此外，每100克葡萄、樱桃、苹果和梨还可为人体提供相当数量（200~300毫克）的多酚类物质。只是这些水果中的保护性物质大多存在于果皮之中。因此，在食用这类水果时，请尽可能带皮

食用。日常饮料中，绿茶、红茶、黑莓汁、红酒、黑啤和咖啡中的多酚含量相当突出。

这里不得不着重提一嘴的是咖啡。作为一种传统饮品，它对人体健康的帮助要比它在过往名声中的好处大得多。咖啡中富含一种在我们日常生活中十分常见的植物性物质——咖啡酸。在最近的一项研究中，研究人员发现，咖啡酸能特别好地刺激肠道菌群，帮助益生菌茁壮生长。那些由意式浓缩咖啡调制的饮品中的咖啡酸含量尤其高。除了咖啡之外，胡萝卜、西红柿、茄子、芹菜、梨、苹果、葡萄和杏中也含有咖啡酸。与许多维生素不同的是，多酚对热不敏感。这意味着，一般的烹饪过程不会破坏它们的结构，甚至有的时候，简单的烹饪还能使人体更好地吸收它们，比如西红柿中的多酚。

益生菌可以填补肠道社区的空白

行文至此，想必您已经非常想充分利用肠道菌群在促进人体健康和抗衰老方面的潜力，保持皮肤光滑、血管弹性和大脑健康。

好在您的愿望并不难实现，只需要做到更快更好地消耗益生菌即可。益生菌，现在已经成为学界的研究重点方向之一。它们中有的是细菌，有的是真菌。但不论是什么种类，它们对人体发挥作用的渠道无非三个——激素、神经系统和免疫系统。这意味着，只要我们把握好它们的作用机理，就能利用它们促进我们的身体和精神的健康。

除此之外，它们也是我们身体诸多器官和组织的连接者，诸多反应的推动者。在它们的帮助下，我们人体形成了一套从皮肤到心脏，从肠道到大脑的复杂网络。不论是在消化吸收食物的肠道中，还是在那些未杀菌和加热的食物中，它们始终在我们身边，从未离去。酸菜、泡菜、酸奶和酪乳等发酵食品可以在满足我们的口腹之欲的同时，为肠道提供良好的细菌菌种。只是，人们普遍恐菌久矣。这使得我们的食品生产商不愿意在自己的包装上指明其中究竟含有哪些种类的细菌，以及这些细菌的含量究竟有多少。但不管我们有没有注意到，这些额外的细菌实际上已经帮助了我们许多。只有一点值得注意，那就是发酵食品不能作为唯一的益生菌补充来源，更不能替代那些含有对某些疾病有帮助或对身体有特殊影响的微生物的膳食补充剂。

膳食补充剂可以为人体提供源源不断的、系统性的益生菌供给。如果您已经对您的肠道菌群构成做了微生物分析的话，益生菌膳食补充剂的优点自然毋庸赘述。它们可以有针对性地补充您所缺乏或者您所需要的益生菌。但是，有一点值得补充：肠道菌群的构建绝非一朝一夕之事。倘若您长期的不健康生活习惯已经摧毁了您健康的肠道菌群，要想重建一个健康的微生物环境，重构一个对人体有利的微生物群落，绝非易事。倘若没有专门的益生菌膳食补充剂的帮助，您可能需要坚持一种"矫枉过正式"的健康生活习惯，短则数月，长则数年，才能使得您体内的肠道菌群重新恢复活力。甚至还有专家认为，在肠道菌群的健康已经被摧毁的情况下，只有通过长期的益生菌供应和有利于益生菌生存环境的构建，才有可能让我们的肠道森林恢复生机。

因此，如果您在不久前刚刚接受了抗生素治疗的话，可以在治疗后或者治疗间隙中适当服用一些富含益生菌的膳食补充剂。这会对我们的肠道菌群大有裨益。只是有一点需要指出，在当前的技术条件下，能被制成胶囊或粉末的益生菌只有屈指可数的几种。这意味着，仍有许多益生菌需要在外力无法提供支援的情况下，自己站稳脚跟。而在它们进行艰苦斗争的时候，我们能为它们提供的帮助和支持，不单是摄入那些能被我们补充的、能和它们进行良好互动的同类，还可以通过改变日常饮食结构和生活习惯等方式，为它们营造一个舒适的生长环境。只有这样，我们才能让它们重新焕发生机。

微生物保健贴士 ⚙

　　您可以在市面上买到这些益生菌补充剂。这些益生菌补充剂的形式可以是胶囊，也可以是冲调粉末，它们可以提供的益生菌种类有：乳酸杆菌（如干酪乳杆菌）、双歧杆菌（如婴儿双歧杆菌）、肠球菌（如粪肠球菌）、乳球菌（如乳酸乳球菌）、大肠杆菌、一些链球菌（如嗜热链球菌）和各种酵母菌（如布拉氏酵母菌）。

益生元的重要性
- - - ● - - -

* 在没有益生元膳食纤维的情况下，肠道菌群的健康发育是不可能的。

* 单一的日常饮食结构会对人体产生相当不利的影响。容易消化的碳水化合物、蛋白质（尤其是动物蛋白）和脂肪含量过高的日常饮食，也就是所谓的西方饮食，对肠道菌群不利。如果同时摄入大量益生元膳食纤维和多酚，可以减轻其中一些不利影响。

* 如果您从高脂肪、低纤维饮食转变为低脂肪、高纤维饮食，只需 24 小时即可看到肠道菌群构成的变化。

* 戒断碳水绝对不是一个好选择。当然，患有肠道疾病和肠漏综合征的人应该避免过多摄入大分子食物蛋白。但是，如果一个人的日常饮食中完全不含碳水化合物，会导致必需的谷蛋白和谷物纤维的摄入量不足，最终导致肠道菌群中对人体非常有益的细菌数量减少，例如双歧杆菌和乳酸菌，并

为不利细菌的定植提供条件，例如大肠杆菌、柠檬酸杆菌和克雷伯氏菌。

　　＊ 益生菌喜欢典型的地中海式饮食，包括蔬菜、植物油、鱼、谷物、大蒜、豆类、浓缩咖啡、摩卡咖啡和红酒。一方面，这样的饮食可以诱发乳酸菌之类的细菌萌发，还能为那些能形成丁酸盐的细菌提供生存条件，并为以双歧杆菌为代表的其他益生菌提供足够养料。另一方面，这样的饮食习惯可以控制体内梭状芽孢杆菌的数量，减弱破坏血管的细菌的负面影响，降低动脉硬化的风险。

　　＊ 研究表明，某些多酚对某些菌株有促进生长的作用，对另一些菌株则有抑制作用。多酚还能支持受损的肠道菌群再生。推荐您将其与益生元纤维结合使用。

对症下"菌"

下水道如果堵了，您不会叫警察；鞋跟如果掉了，您不会去汽修厂。道理很简单，那就是遇上什么事，得找专门管这事的人。前文已经提到过，我们的皮肤和肠道不仅是一个身体组织，更是一个微缩世界，生活于此的"居民"虽然名字高度相似，但它们所扮演的角色、承担的责任和发挥的作用却不尽相同。举例来说，至少在动物实验中，罗伊氏乳杆菌可帮助毛发再生；副干酪乳杆菌或鼠李糖乳杆菌可以发挥抗过敏的功效。哪怕我们将目光局限于某个特定的"家庭"，我们也会发现：尽管这"一家人"有一样的姓氏，也并不代表它们每个"人"都长得一样，又或是都能从事相同的工作。

相信您能明白我的意思：即便是在微生物社会，各司其职、各有所长的现代性社会规律仍旧适用。在我们的体内外微生物群落中，几乎每一种细菌都有自己的专长，而它们可以利用这些能力造福它们所生活的那个小世界，也顺便为我们人类提供极大的帮助。就像复杂的现代社会一样，只有当所有专家齐心协力时，我们的身体才能顺利运作。这就是为什么细菌种类如此重要。但受限于目前的技术水平，我们人类对体内外菌群的了解尚不完全，有时也会出现最新的研究结果同之前的研究结果相左的现象。但科学研究就像是锯木头，时而往前，时而往后，但总归是在不断加深。

最近有一项专门针对花粉过敏的研究，研究人员发现，服用副干酪乳杆菌会帮助人很好地抵抗过敏症状，而之前被认为有效的某些大肠杆菌则被证明是无效的。鼠李糖乳杆菌能显著降低儿童患神经性皮炎的风险，但动物双歧杆菌在这一点上却几乎没有作用。植物乳杆菌和加氏乳杆菌可以让体重减轻，但嗜酸乳杆菌却会促进体重增加。

上述例子十分清楚地表明，特定的菌株可以影响我们身体机能的特定方面。正因如此，如果您只是去药店胡乱地买上几瓶益生菌补充剂吃下去，很可能并不能得到您想要的结果。为了有针对性地使用益生菌，我们必须找到合适的专家来解决我们的问题，因为只有这样才能达到预期效果。

近年来，许多研究分析了何种细菌可以以何种方式在何种时间对我们的机体产生何种影响。尽管，相关研究的数据和结论早已公开发表，但我们不能保证所有药剂师手边都有最新最全的消息。原因很简单，针对益生菌的研究实在是太多、太广泛了。诚然，仍有许多未解之谜，有些研究结果甚至自相矛盾。但究其根本，合适、正确的益生菌疗法是无害的，但如果您选错了细菌，完全得不到您预想中的效果不说，还可能导致您疾

病的恶化。为了避免这种情况发生在您身上，我在下表中为您
总结了当前有关该主题的大量研究，您可以在选择产品时将其
用作指南。

能用来对抗疾病的益生菌

（本表列出的是针对特定病症的特定益生菌。在您使用相关制品之前，请您
先咨询医生。）

疾病 / 身体不适的症状	合适的益生菌	您还可以做的事情
防止自由基生成，降低氧化应激	干酪乳杆菌、鼠李糖乳杆菌、发酵乳杆菌、副干酪乳杆菌、加氏乳杆菌、嗜热链球菌、婴儿双歧杆菌、长双歧杆菌	从水果、蔬菜、黑巧克力、咖啡中摄取多酚
提高身体机能，合法的"兴奋剂"	鼠李糖乳杆菌、干酪乳杆菌、植物乳杆菌、发酵乳杆菌、嗜酸乳杆菌、瑞士乳杆菌、乳双歧杆菌、短双歧杆菌、双歧杆菌、嗜热链球菌	适量饮用甜菜根汁和咖啡

续表

疾病／身体不适的症状	合适的益生菌	您还可以做的事情
肌肤敏感	婴儿双歧杆菌、副干酪乳杆菌、约氏乳杆菌、植物乳杆菌，加氏乳杆菌、鼠李糖乳杆菌，嗜热链球菌	使用富含益生菌的皮肤清洁或护理产品
免疫力低下	植物乳杆菌、鼠李糖乳杆菌、干酪乳杆菌、加氏乳杆菌、两歧双歧杆菌、短双歧杆菌、乳双歧杆菌、嗜热链球菌、嗜酸乳杆菌、罗伊氏乳杆菌、副干酪乳杆菌	注意营养供给。锌、硒、维生素 D、维生素 A、维生素 C、多酚对您的免疫系统很重要
肥胖	加氏乳杆菌、鼠李糖乳杆菌、副干酪乳杆菌、动物双歧杆菌、乳双歧杆菌、长双歧杆菌	益生元膳食纤维，如抗性淀粉、菊粉、果胶和阿拉伯胶，可刺激饱腹感激素的形成
体重过轻	嗜酸乳杆菌、罗伊氏乳杆菌、发酵乳杆菌	
胆固醇过高	乳双歧杆菌、短双歧杆菌、长双歧杆菌、植物乳杆菌、鼠李糖乳杆菌、乳酸乳球菌、罗伊氏乳杆菌	减少抗生素摄入，配合益生菌服用他汀类药物

续表

疾病/身体 不适的症状	合适的益生菌	您还可以做的事情
高血糖、糖尿病	乳双歧杆菌、两歧双歧杆菌、动物双歧杆菌、婴儿双歧杆菌、短双歧杆菌、青春双歧杆菌、鼠李糖乳杆菌、植物乳杆菌、干酪乳杆菌、嗜酸乳杆菌、乳球菌	拒绝甜味剂! 每天至少摄入 15~20 克抗性淀粉,外加菊粉。每餐后喝一杯绿茶
高血压	瑞士乳杆菌、干酪乳杆菌、保加利亚乳杆菌、鼠李糖乳杆菌、植物乳杆菌、乳酸乳球菌、嗜热链球菌、布拉氏酵母菌	减少食盐摄入,每天服用 400 毫克镁。定期锻炼,减轻体重,减轻压力
动脉硬化	植物乳杆菌、德氏乳杆菌、鼠李糖乳杆菌	检查 TMAO 水平 如果 TMAO 水平过高,少吃肉和蛋,不要服用任何含有左旋肉碱的膳食补充剂! 多吃大蒜、橄榄油、葡萄籽油、香醋和红酒可减少细菌 TMAO 的形成 紫罗兰浆果中的花青素可防止血管脂质沉积 每天摄入 10~15 克抗性淀粉
精神压力大、皮质醇激素水平高	动物双歧杆菌乳亚种、长双歧杆菌、乳酸乳球菌、嗜热链球菌、保加利亚乳杆菌	每天摄入 400 毫克镁、Omega-3 脂肪酸,检查肠屏障

续表

疾病／身体不适的症状	合适的益生菌	您还可以做的事情
抑郁	婴儿双歧杆菌、瑞士乳杆菌、鼠李糖乳杆菌、长双歧杆菌、嗜酸乳杆菌、干酪乳杆菌、两歧双歧杆菌	检查肠屏障！ 多吃 Omega-3 脂肪酸，少吃快餐和人造甜味剂
帕金森病	唾液乳杆菌、嗜酸乳杆菌、植物乳杆菌、鼠李糖乳杆菌、乳双歧杆菌和短双歧杆菌	检查自己的肠屏障！由于缺乏产生丁酸盐的菌株，您每天至少需要摄入 15~20 克抗性淀粉。蛋白质能增加体内腐败细菌的数量，故请减少蛋白质的摄入量
炎症	动物双歧杆菌乳亚种、唾液乳杆菌、植物乳杆菌、嗜酸乳杆菌、鼠李糖乳杆菌、短双歧杆菌	炎症通常意味着肠道中的腐败细菌过多。为此，您需要更多的膳食纤维，更多来自水果和蔬菜的多酚，更少的脂肪和蛋白质
肠易激综合征	婴儿乳杆菌、乳双歧杆菌、干酪乳杆菌、植物乳杆菌、鼠李糖乳杆菌、大肠杆菌	低致敏性饮食，外加足够的体育锻炼
慢性重金属中毒	植物乳杆菌、鼠李糖乳杆菌和干酪乳杆菌	

如何充分发挥益生菌的效果
- - - ● - - -

为了让益生菌真正达到预期的效果，您应该遵守以下规则：

＊不要小打小闹，而要大操大办：数量是解决一切问题的保证。您必须记住，有100万亿细菌生活在你的肠道中，保卫它们的家园，对抗外来者。举个例子：您一天差不多能吃进去5亿个细菌，这个数字听起来非常吓人，但对我们的肠道菌群而言，不过是沧海一粟。在研究中，研究人员普遍会给志愿者每人每天服用100亿~150亿个细菌。膳食补充剂产品中所含细菌的数量通常以"KbE"为单位，KbE是"菌落形成单位"的缩写，您可以通过这项数值评判某产品是否含有足够数量的益生菌。

＊饭后服用：从酸奶或冲调粉末中迁移到大肠，对益生菌而言绝不是一段简单的旅途。这其中最大的障碍是酸性极强的

胃液。人在空腹时胃的 pH 值为 1，与盐酸的 pH 值相当。胃液的酸性越强，其杀伤的细菌就越多。在饭后，胃酸的 pH 值会有很大下降，会降到和橙汁差不多的 3。如果一种产品中 10% ~ 40% 的原始细菌能在经历了种种困难和摧残之后幸存并到达大肠，这样的产品才可被称为"富含益生菌"的产品。在某种程度上，这也从侧面证明了前文所提到的数量的重要性。为了让细菌更好地在您的肠道中定植，请在饭后服用含有益生菌的制剂，最好在服用时配上几勺乳制品。

　　* 多样性评分：益生菌制剂应包含八到十种或更多不同的细菌菌株。对我们人类有利的细菌就像一个家庭，它们相互支持，形成网络，以多种方式相互合作。除此之外，一些菌株会产生乳酸，这使得友好的细菌更容易生存。独木难支这个道理应用在此再合适不过了。因此，良好的膳食补充剂应包含几种协调良好的细菌菌株。顺便说一句，同时补充多种益生菌通常是没有问题的。

＊ 为益生菌准备好干粮：尽可能使用合生元，也就是那种同时含有益生菌和益生元纤维的产品。该组合已被证明可以提高细菌存活率、定植率和有效性。毕竟这些小家伙刚刚经历了刀山火海到达肠道，饥肠辘辘是难免的，饿死在目的地也是可能的。因此，现在有一些专家甚至认为，在没有益生元的情况下施用益生菌是无效的，至少效果不大。如果您需要的细菌不能以合生元的形式摄入，您还可以使用菊粉、土豆或玉米粉中的抗性淀粉作为补充剂。

　　＊ 不要只依赖膳食补充剂：即便您定期服用膳食补充剂，也应当严格规范您的饮食方式。如果我们只是给肠道菌群提供香肠或者咖喱，吃再多的益生菌都没什么大用。肠道友好型食谱应该更多被纳入您的日常饮食结构之中。

　　＊ 为我们无法摄取的细菌提供帮助：绝大部分对我们人体有益的益生菌都不能通过奶酪、酸菜或者益生菌膳食补充剂的形式摄入。究其原因，它们绝大部分是厌氧菌。这意味着，只

要暴露在空气中，它们就会死亡。这就是为什么许多促进健康的细菌（如拟杆菌、嗜黏蛋白阿克曼菌和普氏栖粪杆菌）不能被做成益生菌膳食补充剂。这些缺失的细菌只能通过在肠道中创造良好的环境来间接促进生长。益生元纤维和有益肠道的饮食在这里尤为重要。

有针对性地帮扶我们体内的微生物群落

对肠道菌群而言，绝对不存在什么"放之四海而皆准"[1]的道理。换句话说，不存在一种对所有益生菌都适用的营养概念。如果您能通过一些检查确定您的肠道菌群构成，那是再好不过的了。绝大部分人的肠道菌群都有这样一个特点：少部分细菌过于充沛，另一些细菌则在角落萎缩。倘若您知道了自己肠道菌群的构成，有针对性地帮扶体内的弱势群体还是有必要的。在前文中，我已经向您介绍了因为缺乏某种特定细菌而导致身体出现问题的例子，也介绍了如何让您的肠道生态恢复平衡。

但在此之前，我们必须要先明晰一个概念：对待肠道菌群，我们不能采用头痛医头、脚痛医脚这样简单直接的办法——尝试直接杀死某些特定细菌的思路是不正确的。至于原因，前文已经无数次提到过了——在抗生素面前，众菌平等。抗生素是肠道生态的大规模杀伤性武器，它们在杀伤我们不想要的细菌同时，也会消灭我们那些难以补充的细菌。这些微生物会因接触氧气而死亡，或者由于其他原因无法以益生菌膳食补充剂的形式提供，所以很难直接补充。幸运的是，它们可以通过益生元膳食纤维、植

---

[1]原文为 One size fits all，直译为"一个尺寸全部适用"。

物次生物质或其他益生菌间接促进生长。

如今，有许多研究者致力于寻找特定营养结构同益生菌发育之间的关系。令我们感到惊讶的是，他们发现，多植物性营养的饮食结构不但会促进益生菌的发育和定植，还会抑制病原菌（或者我们人体不喜欢的细菌）的繁殖和扩张。这确实是一套行之有效的方案，植物性饮食在为我们的益生菌菌群源源不断地提供营养的同时，还能改变腐败细菌和炎症细菌赖以生存的环境，使它们逐渐被"好"细菌取代。此外，多酚的一些分解产物似乎也直接抑制了特定种类微生物的生长。而高蛋白质、高糖和高脂肪的饮食有利于那些对人体有害的细菌的传播和发展。

系统性的益生菌帮扶计划

以下是可以促进有益微生物生长的食物、益生元和益生菌。

嗜黏蛋白阿克曼菌：这种细菌可以降低罹患肥胖和糖尿病的风险，确保肠黏膜的再生，防止肠道炎症，对抗肠漏综合征。广泛存在于冷掉的主食（土豆、米饭和意大利面）中的抗性淀粉对嗜黏蛋白阿克曼菌很重要。此外，多酚（蔓越莓、蔓越莓汁、葡萄、苹果）和Omega-3脂肪酸（鱼、亚麻籽油、菜籽油）也会让嗜黏蛋白阿克曼菌更具活力。一部分益生菌如植物乳杆菌、鼠李糖乳杆菌、短双歧杆菌、乳双歧杆菌和长双歧杆菌，也能促进嗜黏

蛋白阿克曼菌的增殖。

注意：低腹鸣饮食[1]有助于缓解肠易激综合征，但会不利于嗜黏蛋白阿克曼菌的生长。

拟杆菌：这类细菌对体重调节和短链脂肪酸的形成很重要。它们所需的细菌食物有红酒和苹果中的多糖，广泛存在于鱼、亚麻籽油、菜籽中的 Omega-3 脂肪酸，以及燕麦片、咖啡、绿茶、红茶、菊粉、果胶中的营养物质。肠道的 pH 值大约为 6.5 时最适合这种细菌的生长。为了将肠道 pH 值稳定在 5.5~6.5 的微酸性范围内，大量的乳酸菌是必需的。

双歧杆菌：这是一种对免疫系统的调节至关重要，能防止肥胖、炎症、过敏和自身免疫性疾病的细菌。高血压和肥胖症患者的体内往往缺乏这种细菌。除此之外，研究显示，双歧杆菌也有助于改善癌症预后。双歧杆菌的细菌食物可以通过以下途径补充：绿茶、葡萄提取物、果仁、石榴汁、石榴籽、全谷物产品、咖啡、

---

[1]腹鸣饮食（FODMAPs），主要指肠道无法正常吸收的短链碳水化合物，是"可发酵的（Fermentable），低聚糖（Oligosaccharides），二糖（Disaccharides），单糖（Monosaccharides）和多元醇（Polyols）"的缩写。低腹鸣饮食就是指在日常生活中尽可能少吃含有上述营养物质的食物。

植物激素（例如大豆或亚麻籽中的植物雌激素）、可可、黑巧克力、蓝莓、红酒、枣、苹果汁、Omega-3 脂肪酸（鱼、亚麻籽油、菜籽油）、菊粉、阿拉伯胶、抗性淀粉和高纤维饮食。双歧杆菌也存在于酸奶和其他发酵乳制品之中。这种细菌也可以通过服用膳食补充剂的方式进行补充。

肠球菌：这种细菌可以加强肠道屏障，减少肠道有害细菌的定植，确保肠道内的低 pH 值，有助于改善癌症预后。植物激素（例如来自大豆的植物雌激素）能促进它们的生长，此外亚麻籽、苹果、红酒、葡萄汁也是对它们有益的食物。肠球菌也存在于发酵食品中，例如卡门培尔奶酪、马苏里拉奶酪和腌渍橄榄。它也可以被制成一种益生菌膳食补充剂。

直肠真杆菌：这是一种能生产抗炎丁酸盐，对骨骼和肌肉很重要，并能提升血压的细菌。这种细菌青睐抗性淀粉和植物蛋白。在此，诸位读者需要注意的是：低碳水、高蛋白的饮食结构会减少直肠真杆菌的数量，最终导致人体的丁酸盐产量不足。

黏液真杆菌：这种细菌常见于老年人和癌症病患的体内，也是一种需要益生元、植物纤维的细菌。保持低碳水、高蛋白饮食会使得它的数量下降。

普氏栖粪杆菌：这是一种对肠道屏障很重要，能对抗肠漏综合征、预防肠道疾病的丁酸盐生产菌。它们的生长极度依赖抗性淀粉。此外，它们的食谱中还包括了那些来自菊粉、高纤维食物、红酒和植物激素中的营养物质。它们对肠道酸性的要求更高，要求 pH 值在 5.5 左右。因此一个有足够多其他种类益生菌（如乳酸杆菌、双歧杆菌）定植的环境，对它们来说非常重要。

乳酸菌：我们常说的乳酸菌就是乳酸杆菌，这是一种对健康的肠道菌群非常重要的细菌。它们能确保机体在面对精神压力时有良好反应，降低过敏风险，增强免疫系统，维持肠道 pH 值处在较低数值，在某些情况下还有利于癌症预后。它们的细菌食物来自全谷物食品、苹果、可可、黑巧克力、蓝莓、石榴汁和石榴籽、苹果汁、葡萄汁、大蒜、Omega-3 脂肪酸（鱼、亚麻籽油、菜籽油）和抗性淀粉。上述食品可以促进乳酸菌的发育和定植。在不加热的情况下，发酵乳制品、酸菜、泡菜和其他发酵食品中也有大量富集的乳酸菌。乳酸菌可以很容易地通过膳食补充剂补充。

普雷沃氏菌：这种细菌对任何年龄的人都很重要，因为它同人体的大脑健康有直接关联。临床上，在肠癌和多发性硬化症患者体内，往往只能发现很少的普雷沃氏菌。这意味着，他们肠道中的丙酸盐和丁酸盐生产者不足。燕麦片、麸皮、黑麦、红酒和地中海式饮食都能促进它们的繁殖和生长。长期保持低碳水、高蛋白的饮食，会减少这种非常重要的益生菌的数量。

瘤胃球菌：这也是一种重要的丁酸盐生产者，大量存在于老年人的肠道中，可降低罹患肠癌的风险，促进退化细胞的程序性细胞死亡（细胞凋亡）。抗性淀粉对这些细菌尤为重要。此外，它们还需要如豌豆、小扁豆中的植物蛋白。

罗氏菌：这种细菌也是一种重要的丁酸盐生产者。临床上，帕金森病患者往往十分缺乏这种细菌。这类细菌的生长离不开果胶（例如来自苹果皮）和抗性淀粉。此外，体育锻炼也利于这种细菌在肠道中的繁殖。在此我要提醒大家注意的是：长时间的低碳水、高蛋白饮食不利于这种细菌生长。

毛螺菌：这是一种重要的短链脂肪酸生产者。在乳腺癌和阿尔茨海默病患者体内几乎无法检测到这种细菌。这是一种对抗生素治疗非常敏感，同时能支持他汀类药物发挥功效的益生菌。在其广泛存在的情况下，其可以改变肠道菌群的环境，抑制有害细菌的繁殖，减少体内有害细菌的数量。

高效减少有害细菌

生活习惯、日常饮食结构和药物治疗同益生菌或病原菌的生长之间有十分重要的联系。在此，我为您专门准备了病原菌或者那些对我们身体有其他损害的细菌的名单，还为您准备了能对抗它们的饮食建议。

梭状芽孢杆菌：这是一类可能会导致机体出现严重不良反应

的病原菌，其中有一些已经被证明对人体有害，如产气荚膜梭菌和二孢梭菌。植物蛋白、绿茶、苹果、可可、黑巧克力、红酒、大蒜、抗性淀粉和益生元可以限制此类细菌的繁殖和扩张。

厚壁菌：这是一种致病菌。经常饮用绿茶或红茶，可以减少它们的数量。其他多酚似乎也能减少厚壁菌的数量。此类细菌在肠道 pH 值为 5.5 左右时，发育最好。

腐败细菌：这类细菌包括但不限于假单胞菌、克雷伯氏菌、大肠杆菌、肠杆菌和柠檬酸杆菌。高纤维、低蛋白质和脂肪的饮食结构可以减少这些细菌的数量。根据研究，牛至也能影响它们的繁殖。酸化细菌（乳酸杆菌、双歧杆菌）能改变肠道环境，降低其 pH 值，从而减缓了腐败细菌的生长。

沙门氏菌：多种肠道疾病的病原体。多酚可抑制其繁殖。

葡萄球菌：多见于感染的伤口和肥胖症患者体内。多酚可抑制其繁殖。

拟杆菌门细菌与厚壁菌比率（FR 率）：如果 FR 率上升，人体肥胖的概率就会增加。这一比率可以通过从水果、草药、蔬菜和茶中大量摄入多酚来降低，使得肠道菌群保证体重稳定。Omega-3 脂肪酸和益生元纤维，如菊粉、抗性淀粉、洋车前子壳对降低 FR 率也大有裨益。

我怎么知道我的肠道发生了什么?

我们虽然不能直接跑到自己的肠道里去问生活在那里的小居民们过得怎么样,但是我们可以感觉到它们的生活状态。它们在肠道里造反的时候,我们也能感受到阵阵刺痛。如果您经常能感受到肠道中轰轰作响的风暴,或者您在身体和心理上或多或少有一些疾病的话,您就必须认真倾听一下自己的肠道菌群的抱怨了。

当然,一切都有可能只是巧合。只是,我在前文中已经为您举了太多能证明疾病同肠道菌群相关性的例子了。如果您想了解您肠道中居民的生存状态的话,最好的办法莫过于对您的粪便进行菌群构成分析。这可以帮助您了解您肠道中的微生物构成以及各种菌类在您肠道菌群中的占比。在这类报告的帮助下,医生就能知晓您在肠道菌群方面存在的不足,进而为您定制专属的肠道菌群复建计划。如果肠道微生物环境的生态失调被长期忽视,许多疾病和身体问题就会纷至沓来。

通常来讲,任何医生都可以安排肠道菌群检查或微生物群落分析。只是,相关分析工作通常不能在医院内直接完成。因此,绝大部分国家的政府医疗保险项目不会支付这类检查的费用。此外,并非所有医生都能正确认识到肠道菌群的重要性或者向您解释您的肠道菌群构成分析报告。

您也可以通过其他方式获得您的肠道菌群构成报告，比如互联网药房。这样的话，您在自己家中采集您的粪便样本，然后将之送到经过认证的专业实验室就好。要不了多久您就能收到一份连外行人都能看懂的实验报告了。

我的肠屏障还稳固吗？

定期检查您的肠屏障是必要的。因为完整的肠道屏障可以防止肠道中的有害物质与肠黏膜中的免疫细胞接触甚至渗透到体内。现在有越来越多的科学证据表明，肠道屏障的通透性增加会对健康产生影响。这会使得细菌成分或其他物质从肠道进入肠黏膜甚至进入血液，引起代谢紊乱，最终导致肥胖、糖尿病和血脂水平升高、过敏和自身免疫性疾病，以及抑郁、焦虑、慢性疲劳综合征等心理疾病。上述多种症状的总称就是肠漏综合征。

健康的肠道屏障是一个复杂的结构，其中的关键性部分是肠道菌群、肠黏膜和位于肠黏膜上的黏液层。肠黏膜的结构就像是砖墙。在肠黏膜上有一层黏液层，在黏液层之上，肠上皮细胞像一排砖一样紧密排列，被肠黏液"砂浆"紧紧粘连在一起。由此便组成了一道区分身体内外的屏障。这条屏障能决定将什么物质引入体内，将什么物质排出体外。不难推断出，在理想状态下，这条屏障上除少数必要通道之外，其他地方应当是密不透风的。

而那些少数可以允许物质通过的关口，自然也得有一个尽职尽责的守门人。这个守门人就是前文提到的连蛋白，它们可以决定什么数量的什么物质以何种方式进入我们的体内。此外，连蛋白可以在特定情况下打开肠屏障，让大分子或免疫细胞通过。为了完成这项任务，肠细胞会产生少量的连蛋白。但有时肠细胞会释放出过多的连蛋白，使得肠屏障对一切物质门户大开。这可能是肠道感染、肠道菌群紊乱和"肠屏障帮助细菌"的缺乏导致的肠漏综合征。

我们应当怎样应对肠漏综合征?

--- ● ---

判断我们是否得了肠道综合征只需进行粪便检查。其中的关键性指标是连蛋白和 α-1-抗胰蛋白酶。如果两个标志物都在正常范围内,罹患肠漏综合征的可能性就不高。如果这两个关键性指标的值[1]过高,那您应当考虑如下几点:

* 促进机体的丁酸盐形成,保护肠屏障的丁酸盐生产细菌的定植。最好的方法是借助益生元纤维,如抗性淀粉和菊粉。来自豆类和坚果的 Omega-3 脂肪酸和植物蛋白也能强化这些微生物。

* 减少食品添加剂,特别是能使食物中的脂肪溶于水的乳化剂的摄入。这类物质会破坏肠屏障。根据相关研究,乳化剂会使肠黏液层溶于水,从而使其变薄。

* 服用益生菌膳食补充剂。肠漏综合征和肠道生态失衡之间有相当程度的正相关性。从这点来说,服用益生菌膳食补充

---

[1] 钙卫蛋白和免疫球蛋白 A(IgA)的值也可作为某种参考。——原注

剂可以帮助失衡的肠道生态重新回到平衡状态，从而帮助修复肠屏障。

　　＊ 减少谷蛋白（麸质）的摄入。有证据表明，广泛存在于各种谷物之中的这类蛋白可以刺激连蛋白的释放，并放松肠屏障细胞之间的紧密连接。我们没有必要完全戒断这一类物质的摄入，但是如果您得了肠漏综合征，就应该暂时减少此类物质的摄入。对我们的肠道微生物而言，戒断了谷蛋白摄入的日常饮食完全没有帮助。富含上述物质的谷及谷物制品有：小麦、黑麦、大麦，以及由它们制成的面粉。不含或者少含此类蛋白质的谷物被称为低筋谷物，坚果和种子中这类物质的含量也不高。因此，它们或者由它们制成的产品可被视为"肠屏障友好型"食物。这些食物有：苋菜、小米、玉米、大米、荞麦、燕麦（仅限在产品信息中注明的特殊类型）、藜麦、土豆、杏仁和杏仁粉、椰子和椰子粉、木薯、栗子、西米、瓜尔豆胶、木薯和大豆。

肠道清洁真的对人体有益吗?

我收到过不少关于肠道清洁方式的提问。对此，我的答案是始终如一的。

"不要清洁！"

我们的肠道是地球上物种最多、数量最大的生态系统。对任何生态系统而言，多样性，即大量不同种类的生物的和谐共存，是其健康与否的重要标志。肠道生态系统也不例外。微观下，具备多样性的肠道微生物环境可以"照顾"肠道的健康，保护肠黏膜，保卫肠屏障的完整。宏观而言，多样性的微生物环境可以充分利用人体自身难消化的植物性纤维，确保这些物质不作为"废渣"和"废料"堆积在人体内。

只是，就目前而言，有太多的人将肠道视为我们人体的下水道或者排污管。因此，才出现了大量的灌肠疗法。这些疗法的拥趸会吹嘘芒硝灌肠、结肠水疗、结肠冲洗或其他类型的灌肠疗法的作用。然而目前的研究表明，上述疗法无一例外地会对人体内微生物群落造成持久的损害。对肠道菌群而言，我们是在好心干坏事。这种感觉就像是您用高压气泵给老式彩电清灰一样。您希望"一口气"吹光全部的灰尘，却全然没有想到高压气体对老式彩电本身的破坏。

灌肠疗法对肠道菌群的负面影响在本质上同长期服用抗生素是一样的。正如前文提到的那样，在抗生素面前，众菌平等，好的坏的都会被一并清走。随着灌肠液一起排出体外的不只有残留的粪便，还有大量有益于身体健康的细菌的尸体。这显然会导致肠道生态环境的负面发展。一项研究表明，那些经历过芒硝或者聚乙二醇灌肠治疗的患者肠道内出现了大幅度的细菌数量下降，甚至只是原先的三十一分之一！五分之一的人的肠道菌群变化非常明显，以至于每个人特有的肠道菌群的个体成分都被完全破坏了，至少是暂时被摧毁了。

灌肠之后，那些对人体有益的拟杆菌、双歧杆菌、乳酸菌和其他对肠道友好型的细菌都出现了明显的数量减少。相反，变形杆菌和肠杆菌数量有所增加。通过前文，想必您已经清楚了这种肠道菌群变化可能导致的问题。长此以往，这些变化会导致肥胖、肠易激综合征、慢性肠炎，还可能导致过敏、自身免疫性疾病和其他体内炎症。有些患者甚至一个月后都不能完全恢复其体内肠道菌群。

那些我们人体不需要的细菌可以在这种重新洗牌的肠道环境内获得极大的生存优势。只需要几天，它们就可将这种优势转化为实打实的数量压制。原因在于，那些对人体有益的细菌需要我们为它们专门提供适合生长的环境。换句话说，如果我们在灌肠之后不持续摄入大量益生元纤维等肠道友好型食物成分的话，它们将在这场博弈中彻底落败。

维也纳研究员马琳·雷梅里（Marlene Remely）对此专门进行了研究。她将那些经历过灌肠治疗的人分成了两组，一组服用安慰剂，另一组接受了益生菌植入。两组人在灌肠治疗之后都出现了肠道菌群受损，但接受了益生菌的实验组，在一段时间后出现了明显的肠道益生菌群再生。此外，她还发现，在经历过灌肠疗法之后，肠道更容易吸引致病菌前来定植。因此，在不得不进行灌肠的情况下，坚持肠道友好型饮食和摄入益生菌来重建健康的肠道微生物生态环境是有必要的。

除了一部分出于诊断目的的必要肠道检查外，您应该尽可能避免任何形式的肠道清洁。这将对多样化、稳定、健康的肠道菌群提供十分重要的帮助。如果您真的需要接受灌肠的话，例如在准备肠镜检查时，您应该服用益生菌、益生元来帮助肠道菌群的再生。重要提示：请不要只考虑肠道菌群而拒绝医生提出的肠镜检查建议，不要因噎废食。

肠道细菌"名人录"

想必您已经被本书前文中提到的那些细菌的名字搞得晕头转向。这种感觉就跟我们在读《百年孤独》时一样，面对着那些名字又长又相似的角色，一次又一次地拷问自己：

"这是谁？"

"这又是谁？"

"这人干了什么？"

"那人又干了什么？"

为了不让您被这本同样记载了庞大家族成员的科普读物搞得一头雾水，我会为您专门列举出这些主角细菌的名字及它们所起到的作用。只是有一点我必须指出，那就是本书中所列出来的细菌只是我们肠道菌群中的极小部分。受限于当下的科研条件，仍有许多细菌尚未被我们发现，自然也谈不上它们是有益的还是有害的。因此，这一列举并不详尽，但您仍旧可以将之视为一本初级指引手册。此外，它还可以帮助您更好地理解自身微生物群落构成分析的结果。

丁酸盐生产者

能生产丁酸盐的细菌就像是人体的安全工程师：当万事顺利的时候，没人会注意到它们的存在；但只要出现了问题，就一定意味着它们出现了问题。本书前文所提到的绝大部分疾病都同它们有关系。不幸的是，这些细菌都不能被制成膳食补充剂服用。这意味着，充足的抗性淀粉供应对这些类型的细菌很重要。因为这能使它们很好地发育和繁殖。

最重要的丁酸盐生产者：粪杆菌属、真杆菌属、罗氏菌属、瘤胃球菌属、丁酸弧菌属细菌。

酸化细菌

酸化细菌可以降低肠道环境的 pH 值。理想的肠道环境 pH 值应当稳定在 5.5~6.5 之间。这种弱酸性的肠道环境可以起到一种"抗定植"效果。因为，绝大部分对人体有害的细菌都不能适应这种弱酸性的环境。酸化细菌基本都可以被制成膳食补充剂服用，它们中的一些也存在于发酵食品中。常见的酸化细菌一般都属于双歧杆菌属或乳杆菌属。所谓"属"就是对一类具有亲缘关系的细菌的总称，类似于人类社会中的姓氏。您可以将之视为某种细菌的家族。乳杆菌家族的常见成员有副干酪乳杆菌和植物乳杆菌，还有加氏乳杆菌、嗜酸乳杆菌等其他成员。总而言之，上述的两个细菌家族中的每个成员都可以做许多不同的事情。因此在身体出现问题时，选择适合的细菌是十分必要的。例如，研究发现，格氏乳杆菌会使你变瘦，而嗜酸乳杆菌会使你变胖。换句话说，即使来自同一个家庭，它们导致的结果也不尽相同。

最重要的酸化细菌：乳酸杆菌（也就是常见的乳酸菌）、双歧杆菌、肠球菌。

黏蛋白裂解菌

黏蛋白裂解菌是肠道的看护者。它们的工作是不断修复和保护覆盖于肠壁之上的黏液层。这可以防止因肠屏障通透性增加导致的疾病。它们还具有抗炎作用。菊粉和抗性淀粉是它们所需的食物。有体重问题的人肠道中的这些细菌通常太少。

最重要的黏蛋白裂解菌：嗜黏蛋白阿克曼菌、普氏栖粪杆菌。

腐败细菌和 LPS 细菌

下面列出的细菌属于所谓的腐败细菌和 LPS 细菌，这些细菌的生长离不开蛋白质。此外，这些细菌还可以将人体摄入的蛋白质分解成有害物——氨，这种分解产物会使肝脏长期超负荷运行并导致非酒精性脂肪肝等疾病。

腐败细菌本身也是 LPS 细菌的一种。前文提到过，LPS 是一种由细菌释放的毒素。如果这种毒素进入肠壁或血液，就会引发全身炎症。这种平时难以觉察到的炎症物质聚沙成塔，最终会导致人体健康的千里大堤溃于蚁穴。LPS 细菌可以导致多种疾病，例如肥胖、糖尿病、动脉硬化、自身免疫性疾病、慢性疼痛等。此外，这类细菌毒素对肠屏障也有相当强烈的负面影响。减少您日常饮食中的动物蛋白和脂肪，增加植物性纤维，可以减少它们的数量。增加酸化细菌也可以改变它们适宜的肠道环境，抑制它们的繁殖和扩散。

最重要的腐败细菌和 LPS 细菌：大肠杆菌、柠檬酸杆菌、肠杆菌、克雷伯氏菌、假单胞菌、萨特氏菌。

如何选择益生元或者合生元?

--- ● ---

经常有人问我这样的问题:

"我应该服用哪些膳食补充剂?"

"我去哪里能找到您文章中提到的那些膳食补充剂?"

"我该怎样判断益生菌膳食补充剂的细菌含量够不够高?"

诚然,现在市面上有大量的益生菌和合生元。对外行人而言,完全将之搞清楚绝非一件易事。因此,我在这里为您整理了一些常见的产品。但我得声明,我所提到的产品绝不是全部。您可以通过比对具体产品包含的细菌与本书中推荐的细菌,来选择适合您自己的益生菌膳食补充剂。

这里有一点值得注意:您所选的制剂中含有的益生菌不必完全等同于我给您的推荐。但是,您最好选择那些拥有更高含量益生菌的膳食补充剂。您可以从它的产品含量表中看出其内所含益生菌的数量多少,以及是否仍含有重要的益生元纤维(淀粉、菊粉、阿拉伯胶)或微量营养素(维生素、矿物质、微量元素)。这是为了益生菌更快更好地在您的肠道中定植。

常见的益生菌或合生元补充剂（以首字母为序）

产品	细菌	其他活性物质	每份的细菌数量
Allorex	婴儿双歧杆菌	–	低
Darmlora komplex for you	两歧双歧杆菌、短双歧杆菌、乳双歧杆菌、婴儿双歧杆菌、干酪乳杆菌、加氏乳杆菌、植物乳杆菌、鼠李糖乳杆菌、乳酸乳球菌乳亚种、嗜热链球菌	阿拉伯胶、抗性淀粉	非常高
Mutalor mite	大肠杆菌	–	中低
Mutalor	大肠杆菌	–	中高
OMNi BiOTiC 10	嗜酸乳杆菌、副干酪乳杆菌、鼠李糖乳杆菌、粪肠球菌、唾液乳杆菌、植物乳杆菌、两歧双歧杆菌、乳双歧杆菌、长双歧杆菌	玉米淀粉、菊粉	中
OMNi BiOTiC Aktiv	嗜酸乳杆菌、干酪乳杆菌、短乳酸杆菌、乳酸乳球菌、乳双歧杆菌、长双歧杆菌、唾液乳杆菌、短双歧杆菌、两歧双歧杆菌	抗性淀粉、钾、锰、镁	中
Paidolor	嗜酸乳杆菌	核黄素、烟酸、镁、锰	低

续表

产品	细菌	其他活性物质	每份的细菌数量
Perenterol	布拉氏酵母菌	–	高
MyBIOTIK PUR	两歧双歧杆菌、乳双歧杆菌、嗜酸乳杆菌、干酪乳杆菌、乳酸乳球菌、唾液乳杆菌	维生素 B_2、维生素 H	低
MyBIOTIK PROTECT	动物双歧杆菌、两歧双歧杆菌、乳双歧杆菌、嗜酸乳杆菌、干酪乳杆菌、植物乳杆菌、鼠李糖乳杆菌、唾液乳杆菌、乳酸乳球菌	维生素 B_2、锰、钾、镁	低
Symbiolor 1	粪肠球菌	–	低
Symbiolor 2	大肠杆菌	–	低
Symbiolact A	嗜酸乳杆菌	维生素 H	低
Symbiolact B	乳双歧杆菌	维生素 H	低
Symbiolact Comp.	嗜酸乳杆菌、乳酸乳球菌、副干酪乳杆菌、乳双歧杆菌	维生素 H	低
Symbiolact pur	嗜酸乳杆菌、动物双歧杆菌乳亚种	菊粉、维生素 H	高

续表

产品	细菌	其他活性物质	每份的细菌数量
VSL#3	嗜热链球菌、短双歧杆菌、长双歧杆菌、婴儿双歧杆菌、嗜酸乳杆菌、植物乳杆菌、副干酪乳杆菌、瑞士乳杆菌	玉米淀粉	非常高
AktivaDerm ND，活性益生菌皮肤治疗剂，神经性皮炎外用益生菌浴液	植物乳杆菌、加氏乳杆菌、鼠李糖乳杆菌、副干酪乳杆菌、约氏乳杆菌、罗伊氏乳杆菌、乳双歧杆菌、长双歧杆菌、嗜热链球菌	菊粉	中高
iBiotics med 面霜 iBiotics 乳液	乳酸菌提取物	—	低

备注:
* 低: 每单位最多含 20 亿个细菌或仅有死细菌（裂解物）。
* 中: 每单位含 20 亿~100 亿个细菌。
* 高: 每单位含 100 亿~200 亿个细菌。
* 非常高: 每单位含细菌数量超过 200 亿。

参考文献

Nachfolgend eine Auswahl der wichtigsten Quellen zum Thema. Eine ausführliche Literaturliste finden Sie online unter www.suedwestverlag.de/gesund-mit-darm-literatur.

Akkasheh G, Kashani-Poor Z, Tajabadi-Ebrahimi M et al. (2016), »Clinical and metabolic response to probiotic administration in patients with major depressive disorder: A randomized, double-blind, placebo-controlled trial«. Nutrition 32 (3): 315-320

Bhutia YD, Ogura J, Sivaprakasam S et al. (2017), »Gut microbiome and colon cancer: Role of bacterial metabolites and their molecular targets in the host«. Current Colorectal Cancer Reports 13: 111-118

Bokulich NA, Chung J, Battaglia Th. et al. (2016), »Antibiotics, birth mode, and diet shape microbiome maturation during early life«. Science Translational Medicine 8 (343): 343ra82

Castellarin, M, Warren RL, Freeman JD et al. (2012), »Fusobacterium nucleatum infection is prevalent in human colorectal carcinoma«. Genome Research 22 (2): 299-306

Cattaneo A, Cattane N, Galluzzi S et al. (2017), »Association of brain amyloidosis with pro-inflammatory gut bacterial taxa and peripheral inflammation markers in cognitively impaired elderly«. Neurobiology of Aging 49: 60-68

Cerdá B, Pérez M, Pérez-Santiago JD et al. (2016), »Gut Microbiota Modification: Another Piece in the Puzzle of the Benefits of Physical Exercise in Health?« Frontiers in Physiology 7: 51

Chen YM, Wei L, Chiu YS et al. (2016), »Lactobacillus plantarum TWK10 Supplementation Improves Exercise Performance and Increases Muscle Mass in Mice«. Nutrients 8 (4): 205

Clark A, Mach N (2016), »Exercise-induced stress behavior, gut-microbiota-brain axis and diet: a systematic review for athletes«. Journal of the International Society of Sports Nutrition 13: 43

Davidson LE, Fiorino AM, Snydman DR et al. (2011), »Lactobacillus GG as an immune adjuvant for live-attenuated influenza vaccine in healthy adults: a randomized double-blind placebo-controlled trial«. European Journal of Clinical Nutrition 65: 501-507

Deng F, Li Y, Zhao J. (2019), »The gut microbiome of healthy long-living people. Aging«.Albany NY. 11 (2): 289-290

Depommier C, Everard A, Druart C et al. (2019), »Supplementation with Akkermansia muciniphila in overweight and obese human volunteers: a proof-of-concept exploratory study«. Nature Medicine 25: 1096-1103

Dominguez-Bello mg, De Jesus-Laboy KM, Shen N et al. (2016), »Partial restoration of the microbiota of cesarean-born infants via vaginal microbial transfer«. Nature Medicine 22 (3): 250-253

Dueñas M et al. (2015), »A Survey of Modulation of Gut Microbiota by Dietary Polyphenols«. BioMed Research International 2015: 50902

Eslami-S Z, Majidzadeh-A K, Halvaei S et al. (2020), »Microbiome and Breast Cancer: New Role for an Ancient Population«. Frontiers in Oncology 10: 120

Estaki M, Pither J, Baumeister P et al. (2016), »Cardiorespiratory fitness as a predictor of intestinal microbial diversity and distinct metagenomic functions«. Microbiome 4 (1): 42

Fessler J, Matson V, Gajewski TF (2019), »Exploring the emerging role of the microbiome in cancer immunotherapy«. Journal for Immuno-Therapy of Cancer 7: 108

Frahm C, Witte W (2019), »Mikrobiom und neurodegenerative Erkrankungen«. Der Gastroenterologe 14 (3): 166-171

Gopalakrishnan V, Spencer CN, Nezi L et al. (2018), »Gut microbiome modulates response to anti-PD-1 immunotherapy in melanoma patients«. Science 359 (6371): 97-103

Haghikia A, Li XS, Liman TG et al. (2018), »Gut Microbiota-Dependent Trimethylamine N-Oxide Predicts Risk of Cardiovascular Events in Patients With Stroke and Is Related to Proinflammatory Monocytes«. Arteriosclerosis, Thrombosis, and Vascular Biology 38 (9): 2225-2235

Heuer H (2016), »Arzneistoffe und das Mikrobiom-wie Darmbakterien Einfluss auf die Wirkung von Arzneimitteln nehmen«. DAZ 45: 52

Jalanka J, Salonen A, Salojärvi J et al. (2015), »Effects of bowel cleansing on the intestinal microbiota«. Gut 64: 1562-1568

Kiechl S, Pechlaner R, Willeit P et al. (2018), »Higher spermidine intake is linked to lower mortality: a prospective population-based study«. The American Journal of Clinical Nutrition 108 (2): 371-380

Kim S, Jazwinski SM (2018), »The Gut Microbiota and Healthy Aging. A Mini-Review«. Gerontology 64 (6): 513-520

Kong F, Hua Y, Zeng B et al. (2016), »Gut microbiota signatures of longevity«. Current Biology 26 (18): R832-R833

Ley RE, Turnbaugh PJ, Klein S, Gordon JI (2006), »Microbial ecology: Human gut microbes associated with obesity«. Nature 444: 1022-1023

Lintner PF, Frey R (2018), »Darm-Mikrobiota und Major Depression«. CliniCum neuropsy 3/18

Liu J et al. (2018), »Correlation analysis of intestinal flora with hypertension«. Experimental and therapeutic medicine 16 (3): 2325-2330

Magistrelli L, Amoruso A, Mogna L et al. (2019), »Probiotics May Have Beneficial Effects in Parkinson's Disease: In vitro Evidence«. Frontiers in Immunology 10: 969

Naito Y, Uchiyama K, Takagi T et al. (2018), »A next-generation beneficial microbe: Akkermansia muciniphila«. Journal of Clinical Biochemistry and Nutrition 63 (1): 33-35

Petrelli F, Ghidini M, Ghidini A et al. (2019), »Use of Antibiotics and Risk of Cancer: A Systematic Review and Meta-Analysis of Observational Studies«. Cancers (Basel). 11 (8): 1174

Rathje K, Mortzfeld B, Hoeppner MP et al. (2020), »Dynamic interactions within the host associated microbiota cause tumor formation in the basal metazoan Hydra«. PLOS Pathogens 16 (3): e1008375

Ruiz-Ojeda FJ, Plaza-Díaz J, Sáez-Lara MJ et al. (2019), »Effects of Sweeteners on the Gut Microbiota: A Review of Experimental Studies and Clinical Trials«. Advances in Nutrition 10 (1): S31-S48

Santoro A, Ostan R, Candela M et al. (2018), »Gut microbiota changes in the extreme decades of human life: a focus on centenarians«. Cellular and Molecular Life Sciences 2018; 75: 129-148

Sampson TR, Debelius JW, Thron T et al. (2016), »Cell. Gut Microbiota Regulate Motor Deficits and Neuroinflammation in a Model of Parkinson's Disease«. Cell 167: 1469-1480.e12

Scheiman J, Luber JM, Chavkin TA et al. (2019), »Meta-omics analysis of elite athletes identifies a performance-enhancing microbe that functions via lactate metabolism«. Nature Medicine 25, 1104-1109

Thevaranjan N, Puchta A, Schulz C et al. (2017), »Age-associated microbial dysbiosis promotes intestinal permeability, systemic inflammation, and macrophage dysfunction«. Cell Host & Microbe. 21 (4): 455-466 E4

Tofalo R, Cocchi S, Suzzi G (2019), »Polyamines and Gut Microbiota«. Frontiers in Nutrition 6: 16

Kelly JR, Borre Y, O'Brien C et al. (2016), »Transferring the blues: Depression-associated gut microbiota induces neurobehavioural changes in the rat«. Journal of Psychiatric Research 82: 109-118

Kong F, Deng F, Li Y et al. (2019), »Identification of gut microbiome signatures associated with longevity provides a promising modulation target for healthy aging«. Gut Microbes 10 (2): 210-215

Magistrelli L, Amoruso A, Mogna L et al. (2019), »Probiotics may have beneficial effects in Parkinson's disease: in vitro evidence«. Frontiers in Immunology 10: 969

Shahi SK, Freedman SN, Mangalam AK (2017), »Gut microbiome in multiple sclerosis: The players involved and the roles they play«. Gut Microbes 8: 607-615

Smith P, Willemsen D, Popkes M et al. (2017), »Regulation of life span by the gut microbiota in the short-lived African turquoise killifish«. eLife 6: e27014

Valles-Colomer M, Falony G, Darzi Y et al. (2019), »The neuroactive potential of the human gut microbiota in quality of life and depression«. Nature Microbiology 4: 623-632

Verdi S, Jackson MA, Beaumont M et al. (2018), »An Investigation Into Physical Frailty as a Link Between the Gut Microbiome and Cognitive Health«. Frontiers in Aging Neuroscience 10: 398

Wu W, Chen C, Liu P et al. (2019), »Identification of TMAO-producer phenotype and host-diet-gut dysbiosis by carnitine challenge test in human and germ-free mice«. Gut 68: 1439-1449

Zhuang ZQ, Shen LL, Li WW et al. (2018), »Gut microbiota is altered in patients with alzheimer's disease«. Journal of Alzheimer's Disease 63: 1337-1346

Zimmermann FL, Schmidt D, Escher U et al. (2018), »Role of the gut microbiota for the cholesterol lowering effect of Atorvastatin«.Clinical Research in Cardiology 107 Suppl 3

Zitvogel L, Ma Y, Raoult D et al. (2018) »The microbiome in cancer immunotherapy: Diagnostic tools and therapeutic strategies«. Science 359 (6382): 1366-1370